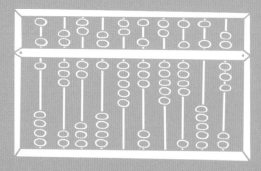

计算机简史

改变世界的人、发明和科学技术

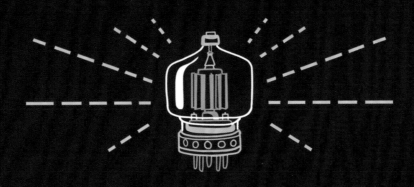

［美］瑞秋·伊格诺托夫斯基　著/绘

陈暮　译

中译出版社

中国出版集团

图书在版编目（ＣＩＰ）数据

计算机简史：改变世界的人、发明和科学技术 /（美）瑞秋·
伊格诺托夫斯基著绘 ；陈暮译. -- 北京 ：中译出版社，2023.5
　　书名原文: THE HISTORY OF THE COMPUTER: People,
Inventions, and Technology ThatChanged Our World
　　ISBN 978-7-5001-7264-2

　　Ⅰ．①计… Ⅱ．①瑞… ②陈… Ⅲ．①电子计算机—技术
史—世界—青少年读物 Ⅳ．①TP3-091
　　中国版本图书馆CIP数据核字（2022）第231207号

本书插图系原文插图

著作权合同登记号：图字 01-2022-1680 号

计算机简史：改变世界的人、发明和科学技术
JISUANJI JIANSHI GAIBIAN SHIJIE DE REN FAMING HE KEXUEJISHU

策划编辑：王子超
责任编辑：张　猛
审　　定：费　翔
特约编辑：袁少杰　李　倩
营销支持：靳佳奇　王　宇
封面设计：鹿　食
内文排版：颂煜文化
出版发行：中译出版社
地　　址：北京市西城区新街口外大街28号普天德胜大厦主楼4层
邮　　编：100088
电　　话：（010）68359827；68359303（发行部）；（010）62058346（编辑部）
电子邮箱：kids@ctph.com.cn
网　　址：http://www.ctph.com.cn
印　　刷：北京博海升彩色印刷有限公司
规　　格：889毫米×1194毫米　1/12
印　　张：$10\frac{2}{3}$
字　　数：120千字
版　　次：2023年5月第1版
印　　次：2023年5月第1次

ISBN 978-7-5001-7264-2　定价：108.00元

版权所有　侵权必究
中　译　出　版　社

计算机简史

改变世界的人、发明和科学技术

推荐序

先和大家分享两个数据：一是麻省理工学院现在每年有一半以上的毕业生毕业时获得的是和计算机科学或者工程相关的学位；二是在伦敦政治经济学院政治学专业的研究生课程设置中，有一半的课程都和计算机相关。

即使是在计算机领域长期工作的朋友，都对这两个数据感到震惊，我想这至少说明两个问题：一是我们的社会对计算机人材的需求仍然十分巨大，二是计算机已经无处不在，即使是学习文科，也需要掌握和计算机相关的知识，准确的说，在现代社会，学习计算机，就像在一百年前学习写字和算术一样重要。

计算机诞生的历史不长，还不到一百年，青少年朋友们耳熟能详的那些大人物，例如冯·诺依曼、图灵、比尔·盖茨、乔布斯等，至今还有人在世，但计算机的发展是一部波澜壮阔的历史，从二进制、差分机、晶体管、芯片、CPU、WINDOWS、GPU，到开源、大数据、人工智能、第二大脑，和计算机相关的概念令人眼花缭乱，多不胜数，我大学学习的就是计算机，毕业后也一直从事这个领域的工作，我深深知道，要用一本书把这些概念全部说清楚很不容易。

摆在我们面前这本《计算机简史》的美国作者瑞秋·伊格诺托夫斯基就有这样

一个雄心，她试图把所有和计算机相关的复杂科学概念和工程技术都用简洁的语言和有趣的插图解释清楚。我很佩服她努力的这份成果——这本书不仅信息量十足，而且文字生动活泼、插图趣味横生。本书的脉络也非常清晰，它就是线性的历史，在历史这条线段上作者把计算机发展过程中的时代特点、名人故事和具体的发明创造串联起来了，用很多真实的故事勾勒了计算机发展的前世今

生，其中不乏大量的细枝末节，这给我们读者带来了充实、丰富、信服的感觉。因为它收录了计算机领域大部分名词和概念，我认为它就相当于我们书桌上的一本小百科全书，供有学习兴趣的读者查阅。

从历史中学习、从故事中学习、从插画中学习、从百科全书中学习，我相信这四者结合是帮助青少年朋友走进计算机科学殿堂最有效的方法。少年的头脑是春天的泥土，让我们和他们一起翻开这本好书，播撒一颗好的种子。

著名大数据专家、科技作家　涂子沛

2023年2月1日

　　"电子大脑！"一名美国记者在国家电视台现场直播时给通用自动计算机（简称 UNIVAC）起了这个名字，而这一事件刚好发生在 UNIVAC 预测 1952 年美国总统大选结果之前。这其实是一个非常冒险的营销噱头，因为就连制造这台计算机的工程师也无法知道它会做出什么样的预测。通过全国播报，公众第一次在自家的黑白电视里见识到一台正在运转的计算机。此前的计算机制造于二战期间，很笨重，噪音大，一直被藏在高度机密的实验室中，常人无法接触。而这台 UNIVAC 不同，它被用于办公而非战争。这一次，它需要证明自己的能力。当 UNIVAC 进行计算时，美国民众注视着它闪烁的巨大控制台和一排排飞转的磁带。与民意调查的结果相反，UNIVAC 预测德怀特·戴维·艾森豪威尔会获得压倒性的胜利。出人意料的是，UNIVAC 的预测成功了！这一结果轰动一时，美国民众激动不已，这简直就是科幻电影照进现实！这次电视报道一举将计算机的概念植入大众文化当中，让公众对高科技的想象成为现实。

　　自 1952 年以来，计算机的发展取得了重大进步！我们现在几乎可以通过手掌大小的设备来查阅人类全部的知识。带我们走到今天这一步的诸多发明是漫长技术之旅的一部分，这场技术之旅可以追溯到石器时代。在深入了解计算机的历史之前，让我们先定义一下什么是计算机。

计算机是能够按照一系列指令进行存储、检索和处理数据的机器。

计算机本质上是一种扩展人脑能力的工具。众所周知，工具可以帮助我们提高工作效率，就像手可以借助锤子来钉钉子。我们也可以借助计算机拓展脑力。计算机帮助我们解出复杂的数学方程，存储和分类大量的信息，甚至还能帮助我们找到最喜欢的新餐厅！

互联网和万维网（World Wide Web）把计算机变成了传媒工具。网络是全球经济不可或缺的一部分，对许多人来说，它是个人身份的延伸。计算机已经深深融入我们的生活。联合国甚至在 2011 年宣布上网是一项人权。

现在，数十亿人已经拥有了智能手机，这小小机器的功能可比曾经带领第一批宇航员登上月球的计算机功能还要强大 10 万倍。但这样几乎人手一台计算机的现状可来之不易。在历史的长河里，只有少数人能接触到计算机——从事研究的科研机构、管理政务的政府机构、作战的军队，还有寻求利润最大化的大公司。早期的计算机价格昂贵，体积庞大，需要专业的技术和知识才能使用。直到 20 世纪 70 年代的个人计算机革命，大众才开始领略到计算机的魅力。

本书着重介绍计算机历史上的里程碑事件，探讨"技术知识就是力量"的观点。本书旨在关注改变人类世界的人物和机器背后的意图、目的以及带来的影响，而非教小读者们编写代码或是钻研计算机科学的诸多旁枝。虽然本书仅概述了技术领域的一部分创新者，但并没有所谓的"孤独的天才"能凭一人之力创造计算机。计算机的诞生源于成千上万人的努力和优先资助科学发展的社会风气。研究计算机的历史就是研究人类的历史。

目 录

计算机的内部结构

硬件

是组成一台计算机的物理电子装置。

主板

是安装中央处理器（CPU）、随机存取存储器（RAM）、扩展总线以及各种其他自定义组件的地方。

RAM

随机存取存储器（Random Access Memory，简称RAM），是存储短期内存数据的设备。

计算机端口

可以把有线的外围设备通过这些端口接入计算机。

蓝牙和WI-FI

是一种利用无线电波和各种无线外围设备进行通信的计算机芯片。

CPU

中央处理器（Central Processing Unit，简称CPU），这种芯片是计算机的"大脑"，控制计算机大部分的操作。

GPU

图像处理器（Graphics Processing Unit，简称GPU），这种芯片能在计算机显示器和电子游戏操控台上生成图像。

电源

计算机靠电力运行，电力是从插座中的交流电转换成用于计算机电路的直流电。

外围设备

是连接到计算机上的设备，允许用户以不同的方式操控计算机。

扩展总线

为了提升计算机的运行能力，可以把扩展卡安装在扩展总线的插槽上。这样可以带来额外的存储空间，更多的GPU，以及连接到各种硬件的新端口。

存储器

是存放长期数据（包括用户保存的软件和文件）的存储设备。

软件相关术语

软件

告诉计算机要做什么的程序，例如各种应用程序、操作系统和固件。

命令行

这是一种只使用基于文字的命令来操作计算机的技术方法。这种方法只使用很少的资源，比如很少的内存空间或较低的计算能力。在 20 世纪 90 年代以前，这一直是人们与计算机交互的主要方式。

GUI

图形用户界面（Graphic User Interface，简称 GUI），采用图形化的方式显示文件和软件能方便用户告诉计算机要做什么。现代操作系统使用易于理解的图标和图形，当与计算机交互时，GUI 会上演一场"戏剧表演"，清晰形象地告诉用户计算机正在进行的操作。

OS

操作系统（Operating System，简称 OS），这种软件就像管弦乐队的指挥，它管理着计算机的硬件和软件，使计算机更容易使用。多年来，市面上已经出现了多种不同的操作系统（例如 Linux、MacOS、Windows 和安卓），人们通常有自己的偏好。

程序

为了使计算机执行特定任务而编写的一些指令。

编程语言

计算机只能理解二进制代码（即机器码），而人们很难理解这些二进制代码。所以程序员首先使用高级编程语言来编写软件，而后这些复杂的高级语言被翻译成计算机可以理解的二进制代码（借由编译器或汇编器来实现）。

计算机融合技术

纵观历史，计算机融合了各种不同的技术来创新。一个典型的例子就是，随着时间的推移，相机已经成为智能手机的重要组成部分。

智能手机融合了台式计算机、电话、触摸屏和全球定位系统（Global Positioning System，简称 GPS）的技术，创造了"多功能一体机"。当有人想拿"相机"拍照时，他们通常会拿起这台口袋大小的计算机。

技术融合

二进制 和 开关转换器

"1" 和 "0"

传统计算机只能理解"开"和"关"的电信号。为了与计算机"对话",人们使用二进制代码,也称为机器码。二进制代表"两种状态",二进制代码由"1"和"0"组成。"开"用"1"表示,"关"用"0"表示。计算机执行的每一项操作以及处理的每一项数据都由"1"和"0"表示。

> 1 = 开 = 真
> 0 = 关 = 假

> 计算机上的一切都由"1"和"0"表示。

> 例1:字母 "A"
> A=01000001

> 例2:数字 "95"
> 95=01011111

> 一个"比特"是指只有一个"1"或一个"0",这是信息的最小单位。一个"字节"包含8个比特。

> 例子:一个像素点的颜色
>
> 这个像素点的颜色值用十六进制表示是 No.4a89a3
>
> 这个颜色由红、绿、蓝三种颜色组成,具体是指:
>
> 红 74,绿 137,蓝 163
>
> 用二进制表示为
>
> 010010101000100110100011

布尔代数和逻辑门

1847年,数学家乔治·布尔制定了布尔代数的规则。布尔代数是数学的一个分支,使用"非"、"与"和"或"运算来确定一个逻辑语句是真还是假。二进制的真和假可以分别用"1"和"0"来表示,也可以简单转换为电流的"开"或"关"。1937年,电气工程师克劳德·香农意识到他可以通过操作实体电路的开关转换器来表示布尔逻辑语句。执行逻辑运算的电路被称为逻辑门。由此,香农被认为是数字电路设计的创始人之一。

电流在计算机电路中通过逻辑门的过程,就像水流通过管道系统一样,开关转换器就像指引电流方向的水龙头。逻辑门操纵代表"1"和"0"的电信号,简单的逻辑门组合起来在计算机芯片内部创建了复杂的架构。

布尔代数的3种基本运算

真值表 1=真 0=假

非门 表示否定。

如果输入为真,则输出为非真(即假),反之亦然。

输入	输出
1	0
0	1

与门 表示同时发生。

只有当输入语句A与B都为真时,输出才为真。

输入 A	B	输出
0	0	0
0	1	0
1	0	0
1	1	1

或门 表示只要有其中一个发生。

如果输入语句A和B有其中一个为真(或两者都为真)时,输出就为真。

输入 A	B	输出
0	0	0
0	1	1
1	0	1
1	1	1

其他逻辑运算包括异或门、异或非门、与非门以及反或非门。

表示逻辑门的符号

非门　　　　与门　　　　或门

历史上的开关转换器

计算机可不是魔法变出来的，它的构建是通过连接被称为逻辑门的电路而实现的，而逻辑门可以控制电流。随着技术的进步，人们已经能够不断缩小逻辑门的物理尺寸，使之成为现在的微观状态。计算机拥有的逻辑门和开关转换器的数量越多，它的能力就越强。

继电器

用于早期计算机，如哈佛大学的马克一号（1944 年建造完成）。

最早一批计算机使用机械式开关器实现物理上的开和关。

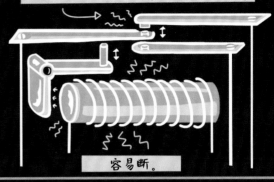

使用电磁进行开和关，部件容易损坏。

容易断。

真空管

20 世纪早期用于放大无线电信号。

真空管控制电子流向，被用作早期计算机电路的开关转换器。

真空管由玻璃制成，十分易碎。

晶体管

发明于 1947 年。

晶体管没有可移动的部分，非常可靠，而且比真空管更高效。

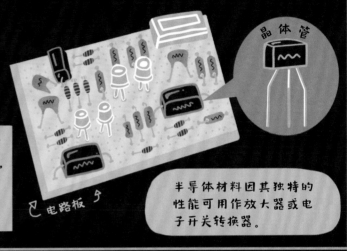

← 电路板 →

晶体管

半导体材料因其独特的性能可用作放大器或电子开关转换器。

当电路上的每个元件都是独立存在时，它们被称为分立元件。每个晶体管和电路的其他部分都必须焊接到位。正因如此，过去的计算机才体积庞大，并且限制了可以使用的晶体管数量。

而集成电路可以解决这个问题！

集成电路（intergrated circuit，简称 IC），也称为计算机芯片！

1958 年第一个集成电路诞生：电路上的分立元件被黏合在一块半导体材料上。

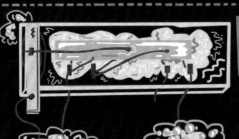

第一块平面型集成电路制于 1960 年。

现代计算机芯片都是由光刻技术制成的。

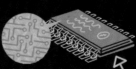

如今，集成电路内含数十亿的晶体管，有些晶体管小至 2 纳米。

DNA 双螺旋直径也才 2 纳米！

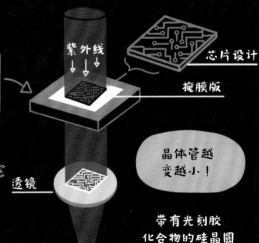

紫外线

芯片设计

掩膜版

透镜

晶体管越变越小！

带有光刻胶化合物的硅晶圆

内存 和 外存

计算机存储和访问
信息主要有两种方式

——内 存——

用于短期存放数据。RAM 是计算机内读写速度较快的存储器。任何需要打开的文件必须先加载到 RAM 中，CPU 才能访问。RAM 具有"易失性"，这意味着数据是临时的，如果计算机断电关机，数据就会丢失。例如，文本文档中一个刚刚输入的、未保存的句子就被存储在 RAM 中。

——外 存——

用于长期存放数据。即使关闭计算机，保存在外存的数据也不会丢失，这也就是"非易失性"。例如，一张硬盘中的照片可以长期保存在硬盘中。长期记忆存储器有多种类型，其中包括不能轻易修改或写入的只读存储器（read-only memory，简称 ROM）。ROM 保存了计算机启动时需要执行的程序指令。

在计算机发展历史中，用于制造内存和外存的物理器件不断地迭代更新。RAM 等易失性存储器运行更快、体积更小，但价格昂贵；而像硬盘等长期记忆存储器则更慢、更大，但价格便宜。

随着内存和外存技术的进步，两者的优势开始融合。在设计计算机时，运行速度、尺寸和成本都被纳入考虑范围。将许多不同的内存和外存技术结合起来能使计算机运行顺畅且价格合理。

数据存储的单位

"比特"是最小的数据存储单位。

数据以"1"和"0"的形式存放在计算机中，这种信息量的单位被称为"比特"。

1个字节（B）是8个比特。

"1"和"0"的组合可以代表一个字符，比如大写英文字母 A、数字 5 或者符号 %。

1个千字节（KB）约有1000个字节。

这页文本大概有 300KB。

1个兆字节（MB）约有 1 000 000 个字节。

一条一分钟的音频大约有 1MB。

1个吉字节（GB）约有 1 000 000 000 个字节。

一部 30 分钟的标清电影大约有 1GB。

1个太字节（TB）约有 1 000 000 000 000 字节。

1TB 可容纳 300000 多张 1200 万像素的照片。

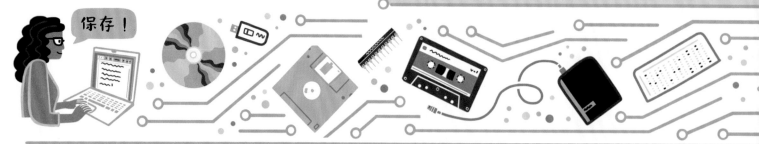

保存！

历史上的内存和外存

纵观计算机的发展历史，内存和外存的速度、容量大小和成本都得到了优化。便携式存储器已经从成堆的纸质打孔卡片发展为软盘再到闪存芯片。下面是一些里程碑式的发明。

纸质打孔卡片和打孔纸带

RAM——速度慢 不过便宜

发明源于 18 世纪的织布机，用于 20 世纪 80 年代的计算机，如今应用于一些投票机。

磁带

20 世纪 30 年代用于录制音频

1951 年，磁带首次用于计算机。

磁芯存储器

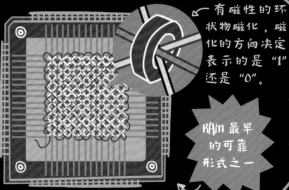

有磁性的环状物磁化，磁化的方向决定表示的是 "1" 还是 "0"。

RAM 最早的可靠形式之一

最早使用该技术的是 1953 年麻省理工学院的旋风计算机。

硬盘驱动器

1956 年，IBM 305 RAMAC 使用高速 RAM

对于存储大量数据，硬盘依旧是一种实惠的选择。

动态随机存取存储器（Dynamic Random Access Memory，简称 DRAM）芯片

使用晶体管技术

发行于 1970 年

软盘

一种可携带的磁性存储器。

主要是在 20 世纪 70 年代—90 年代使用

光存储设备

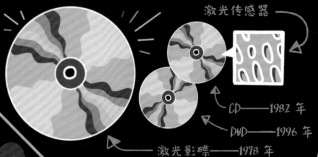

代表 "1" 和 "0" 的微小凹陷和凸起

激光传感器

CD——1982 年
DVD——1996 年
激光影碟——1978 年

闪存

发明于 20 世纪 80 年代早期

闪存是非易失性存储器，可以删除数据和重新编程。

云存储

"云" 指的是集合了大量硬盘和高速处理器的数据中心。

保存！

云存储使得人们可以通过互联网上传或者下载数据。

电子游戏

从 20 世纪中叶开始，人们对电子游戏的兴趣激发了计算机科学领域的创新。1948 年到 1951 年期间，美国军方开发了一种名为"旋风"（Whirlwind）的飞行模拟器，并创建了最早的屏幕图形界面之一。他们首先使用这项新技术做了什么呢？当然是制作电子游戏！这个游戏需要操作简易的"光球"落入移动的"洞"中。从那时起，电子游戏帮助推动了图形化、网络和其他计算机技术的进步。

《俄勒冈之旅》 1971年

你已经死于痢疾。

现在还有玩家在玩！

这是一个模拟先辈生活的教学游戏。

DxO（也就是井字棋） 1952年

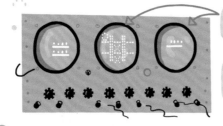

阴极射线管屏幕

在剑桥大学电子计算机上编写的。

1972年 雅达利《乓》

第一个大获成功的电子游戏厅游戏！

由诺兰·布什内尔和雅达利公司的艾伦·奥尔康共同研发

开启了电子游戏时代

PONG

《太空大战》 1962年

第一个多人电脑游戏！

由麻省理工大学的学生在程序数据处理机 1 号（PDP-1）上制作。

光笔

《棕盒子》 1967年

家庭电子游戏主机的雏形，可以在电视上玩！

后期开发出了第一个游戏主机"奥德赛"。

由拉尔夫·贝尔发明

《雅达利 2600》 1977年

游戏杆

可互换墨盒

全彩色游戏

使用了 8 比特微处理器并可以连接到家庭电视上

《吃豆人》

1980年

由日本电子游戏设计师岩谷彻设计

成为游戏厅空前畅销的游戏

任天堂 Game Boy   1989年

磁盘盒

带有可移动磁盘盒，最受欢迎的掌上电子游戏之一。

游戏销量已达1亿多份。

BEEP
BLOP

《魔兽世界》上线   2004年

公会集结，发起突袭！

PC端应用

线上的角色扮演游戏，可以连接全球所有用户一起进行探险。

《精灵宝可梦 Go》 2016年

让"增强现实"成为主流

把他们全抓住！

全世界的用户在手机上玩游戏来"捕捉精灵宝可梦"。

任天堂红白机在美国推出   1985年

任天堂让美国的游戏产业恢复生机

微软发布 Xbox 主机

×××× 2001年 ××××

微软和英伟达公司共同设计的 GPU 给游戏带来绝佳的视觉体验。

我正在胖揍菜鸟！

截至 2005 年，已经有上百万个玩家使用 Xbox 进行线上游戏、体验高性能图形游戏。

任天堂 Wii 游戏机   2006年

使用手势识别和玩家实时的身体动作

运动控制遥控器

主流的虚拟现实   2016年

伊万·萨瑟兰，计算机图形学的先驱，在 1967 年制作了头戴式虚拟现实（Virtual Reality，简称 VR）显示器的第一个原型。

截至 2016 年，数百家公司已经发售了价格实惠的 VR 头戴式设备。

人工智能 和 机器人

人工智能是什么？

人工智能（artificial intelligence，简称 AI）和机器学习是计算机科学的一个完整分支。计算机在"训练数据集"上执行某个算法（一条一条事先确定的指令）来进行学习。只要计算机获得足够多的数据，它就能使用一个数学模型来处理未标记的新数据。就像一个人刚接触新事物一样，人工智能也需要练习。为了更好地运行，人工智能既需要大量的数据来学习，也需要非常强大的计算机来计算和处理。以下是人工智能历史上一些激动人心的时刻。

IBM 超级计算机"深蓝"战胜世界象棋大师加里·卡斯帕罗夫。

1997年

将军！

2009年 ImageNet 数据集

是一个大型的众包图像数据集①。这些图片由众人标注真实标签，推动了机器学习和人工智能的繁荣发展。

由计算机科学家李飞飞发起

1965年 DENDRAL 人工智能项目

DENDRAL 是人工智能领域第一个"专家系统"，被用于识别分子结构。

IBM "沃森"系统在竞赛节目《危险边缘》中获

"沃森获胜"是什么意思？

2011年

$2,000 $5,000 $2,000

肯　沃森　布拉德

沃森使用了100多种不同的技术来分析自然语言、识别信源以及得出答案，打败了两位前冠军参赛选手。

1966年 伊莉莎（ELIZA）软件

用户能够与计算机进行对话

伊莉莎被公认为第一个"聊天机器人"。

约瑟夫·魏泽堡在麻省理工学院工作期间开发了早期的自然语言处理计算机程序。

2015年 阿尔法围棋（AlphaGo）

人工智能 AlphaGo 在围棋比赛中打败了欧洲冠军。

围棋里的布局数量可比已知宇宙里的原子还要多。

2018年 谷歌 Duplex

嗨！我能为您做点什么？

我想预约今晚的双人桌。

晚上9点的行吗？

这个人工智能助手能够以几乎完美的语音进行交流。

① 一个众人收集的大型图像数据集

机器人是什么？

机器人是在计算机或专门程序的指导下执行一系列物理动作的机器。机器人能够执行对工人来说乏味或危险的任务，使一些特殊的工厂实现自动化。随着时间的推移，机器人和自动化让商品变得更便宜，同时也导致许多传统工作岗位数量锐减，很像工业革命期间发生的情况。有些机器人只能执行简单的指令，而有一些已经使用人工智能技术并具备决策能力。以下是机器人历史上的几个里程碑事件。

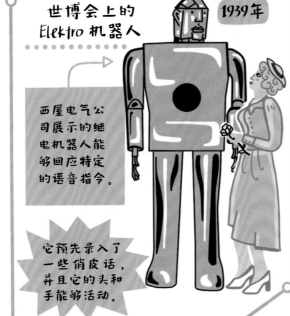

世博会上的 Elektro 机器人 1939年

西屋电气公司展示的继电机器人能够回应特定的语音指令。

它预先录入了一些俏皮话，并且它的头和手能够活动。

自动编程工具（Automatically Programmed Tool，简称 APT） 1959年

使用 APT 制造的烟灰缸

APT 是一种编程语言，帮助计算机辅助制造（Computer-Aided Manufacturing，简称 CAM）控制铣床。

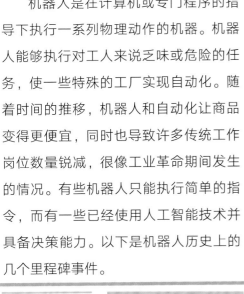

Unimate 工业机器人 1961年

这是第一种大批量生产的工业机器人，用于通用汽车公司。

美国斯坦福国际研究所研制的 Shakey 是第一个由人工智能控制的移动机器人。

Shakey 移动机器人 1968年

ASIMO 仿生机器人 [1] 2000年

"阿西莫"，先进步行创新移动机器人（简称 ASIMO），是试验性机器人。

它能行走、认脸、爬楼、探测危险并对语音指令做出反应。

① 由日本本田技研工业株式会社研制。

Roomba 扫地机器人 2002年

受算法控制，可以在房间穿行并识别出障碍物。

2005年 **美国国防高级研究计划局（简称 DARPA）超级挑战赛**

斯坦福团队的无人驾驶汽车赢得了2005年 DARPA 无人驾驶超级挑战赛的冠军，在没有人为干预的情况下，汽车在7小时内跑完了约120千米长的沙漠赛道。

第一架商用无人机

走吧，回家吧无人机

大疆精灵 Phantom 无人机是第一台带有自主性的消费级无人机。

2013年

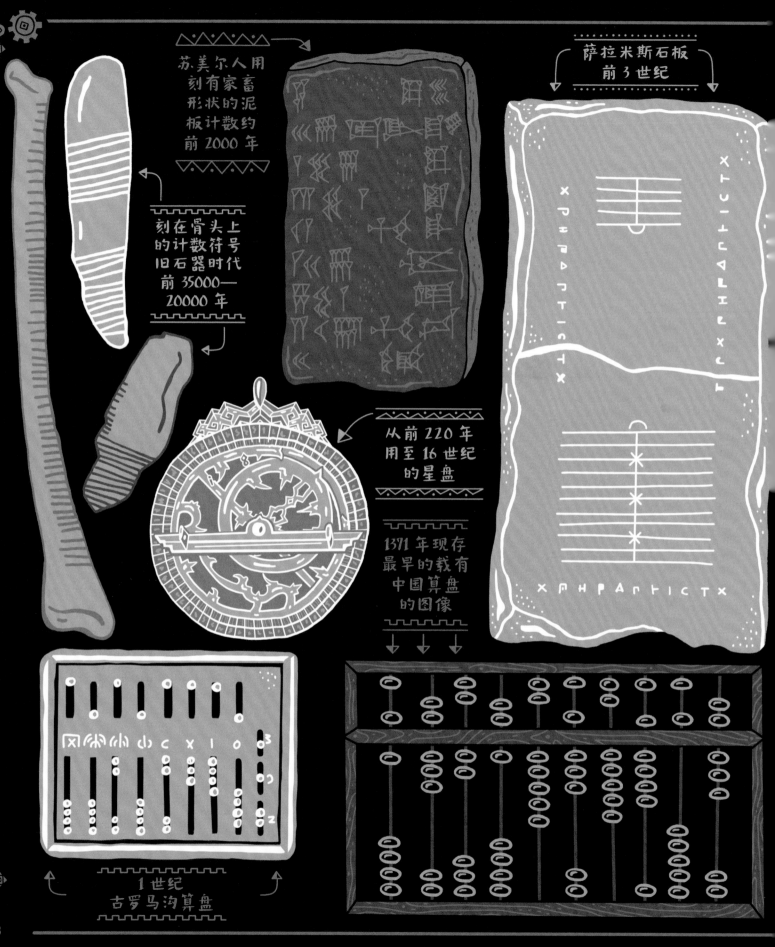

苏美尔人用刻有家畜形状的泥板计数约前2000年

刻在骨头上的计数符号旧石器时代前35000—20000年

萨拉米斯石板前3世纪

从前220年用至16世纪的星盘

1371年现存最早的载有中国算盘的图像

1世纪古罗马沟算盘

古代文明

前25000年—1599年

计数与计算

让我们从头开始说起。故事开始的时间远比第一台电子计算机投入使用的时间早得多。那时的人们需要做的数学运算非常简单，诸如"有多少婴儿出生""羊群里的羊有没有少"之类的简单问题，只需要通过计数就能进行记录；但随着社会的发展，人们对复杂计算的需求也在增加。古代文明创造了不少奇迹，比如玛雅金字塔、吉萨大狮身人面像和罗马斗兽场。这些奇迹以及建造它们的文明都仰仗记录海量数据和大量制表的能力，这样的工程量可不是靠个人的头脑就能完成的！

世界各地的人们发明了不同的工具（比如计数板和算盘）来进行超出自己心算能力的计算。除了这些工具之外，人们还开发出记录数字的新方法，制造了用于绘制星象和计时的设备。从农民和商贾到官员，每个人都在使用这些新技术。随着商业的发展，对数学的研究也在发展。古代世界的博识者和发明家甚至梦想创造出可以自行移动或演奏音乐的机器人！

尽管从今天回望遥远的过去，人们已觉大不相同，但无论是现在还是过去，技术都增强了一个人的思维能力，让人们比以往任何时候都更能建功立业，志存高远。

时间轴

非洲斯威士兰群山上发现了这块有着 29 个刻痕的狒狒腓骨。

约前 35000 年

列彭波骨

考古学家发现了动物骨头上刻有计数痕迹。这是史前人类记录数字的方式之一。列彭波骨是已知最古老的史前数学类器物之一。

约前 300 年

巴比伦人的占位符 0

巴比伦人开始使用两个倾斜的楔形图形来表示算盘上的空位。它并不代表数值零，而是一种占位符号。

约前 3 世纪

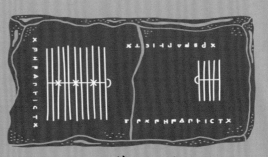

萨拉米斯石板

这块计数石板发现于希腊，是现存最古老的计算设备之一，也是现代算盘的前身。

500 年—600 年

印度 - 阿拉伯数字

现代十进制记数法起源于印度。印度-阿拉伯数字包括从 0 到 9 共十个数字符号。数学上的这一飞跃创造了一种全新、快捷的算术方法，可以用墨水和纸代替算盘来进行算术运算。

约前 2500 年

苏美尔算盘

历史学家认为，美索不达米亚的苏美尔人发明了第一个算盘。它极有可能是一块刻有平行线的平坦石头，上面放置了像鹅卵石一样的计数器来表示数值。

前 475 年

由竹子、象牙或是铁制成的算筹被放置在平坦的垫子上。

中国算筹

早在中国战国时期，商贾、观星者和官吏就开始使用算筹来高效快速地进行加减乘除。

约前 150 年

安提基特拉机械

安提基特拉机械是这段历史时期内发现的最为复杂的机械装置，在古希腊用于推测天文事件。尽管这个装置只是一系列齿轮，但许多历史学家称其为"世界上第一台计算机"。

前 139 年

丝绸之路

丝绸之路是欧洲、中东、东南亚和东非之间陆海贸易路线交织的网络，实现了思想、哲学体系以及货物的流通，对古代世界的科学和数学的发展起到了重要作用。

注：丝绸之路的开辟始于前 139 年，张骞出使西域之后。到了明代，（陆上）丝绸之路的重要性逐渐被海上丝绸之路取代。

683 年

已知的最早的"0"

K-127 石碑发现于柬埔寨，是现存最早的记录使用 0 的文物之一。石碑上刻有旧高棉语的铭文，意思是"恰卡时代在残月的第五天迈入了 605 年"。

约 1200 年

算盘

有关中国算盘的文字记录可追溯到约 190 年。现代算盘采用"5+2"设计，被认为是在 1200 年左右发展起来的，至今仍在世界各地使用。现存最早记录算盘图样的书是明洪武四年（1371 年）的《魁本对相四言杂字》刻本。

历史故事

我们的数字系统是以10为基础的计数方式，这是因为早期人类是用手指进行计数的。①

这就是我们把数字叫作 digit 的原因！

苏美尔算盘是以60进制为基础的。

这就是1分钟有60秒的原因。

星盘是一种带有长短针的计算器。从古希腊到6世纪，星盘通过指示星星的位置为水手导航。

计算机的历史可以追溯到文明伊始，那时的史前人类就已经开始计数。我们的祖先仅仅将事物归为三类：一个、两个、很多个。由于人们需要确切地知道一组中有多少物品，就开始用手指（有时甚至会用脚趾）数数。

随着小族群变成更大的部落，十根手指已经不能满足需求。人们通过涂画岩石、收集鹅卵石、系绳结，或在木棍、动物骨头上刻出凹槽来计数。这些方法还只是史前部落诸多计数方式的一部分。历史学家推测，早期的人们记录了生产生活的方方面面，小到羊群数量，大到部落人口。

第一代制表工具

随着群落扩张为城市和帝国，计算和记录数据的需求也在与日俱增。商人需要追踪商品的销售记录；军队长官需要统计征兵的人数；政府需要知道应该种植多少粮食以及征收多少税款；城市规划者和早期工程师需要计算渡槽的长度，核实其他基础设施项目的细节。因此，帮助进行这些计算的工具应运而生。

人们对于古代和中世纪历史的了解非常有限。我们对过去的了解是基于研究现存的文物。但许多承载着古老历史的东西已经消失，包括那些口头流传的知识、用不易保存的材料（如木制、纸质等）制造的发明物品以及被战争摧毁的物品和记录。

历史学家认为，算盘——已知的第一个专门用于将数字制表的工具，是前 2500 年左右由美

算盘（abacus）一词源自希腊语的 abax，表示"厚板"。

索不达米亚的苏美尔人发明的。这种算盘与现代穿珠的算盘不同，它是一块由木头、黏土或石头制成的计数板，上面刻有平行凹槽，使用时可以在凹槽里放置鹅卵石或木棍以显示数值。据传在这个计数板出现之前，人们会简单地在沙子或泥土里画一个计数表。和这种方式相比，苏美尔算盘更耐用、更有条理。随着计数板和算盘在世界各地的发展，它们被用来高效快速地对大数进行加减乘除。

在古罗马，商人、工程师和征税官员都带着便携式算盘工作。考古学家发现了一种可以追溯到 1 世纪的罗马手持算盘。在古代中国，人们随身携带的不是算盘，而是几袋子由象牙、竹子或铁制成的算筹。春秋时期算筹在中国已普遍使用。

---

① 英文单词 digit 既能表示"数字"，又能表示"手指"。

古代世界的数字

阿兹特克人	符号	○	▷	🌿	🏺		
	数值	1	20	400	8,000		
苏美尔人	符号	𒁹	⟨	𒌋	◇	◇	◇
	数值	1	10	60	600	3,600	36K	216K
罗马人	符号	I	V	X	L	C	D	M
	数值	1	5	10	50	100	500	1,000
埃及人	符号	۱	∩	℮	🦡	☝	🐸	𓀀
	数值	1	10	100	1,000	10K	100K	1 MIL

十进制

六七世纪，印度-阿拉伯数字被创造出来，印度见证了数学发展的一次巨大飞跃。与以往的数字系统不同，在这个系统中，每个符号代表 0 到 9 之间的一个数字，并且能够表示十进制中的数位。十进制使人们可以在纸上快速进行数学运算，为代数、对数和现代数学打开了大门。随着欧亚大陆贸易日益频繁，数学思想和技术的交流也在增长。12 世纪，印度-阿拉伯数字流行开来，尤其受中东地区的欢迎，这就是为什么它们今天通常被称为阿拉伯数字。

古代的自动装置

古代世界的许多工程师、哲学家和博识者都梦想着创造自动装置和可编程机器。公元 60 年，亚历山大的希罗（也称为海伦）设计了一种精妙的机械装置，该装置包含一辆推车，通过"编写"由弦、滑轮和重物组成的系统来进行移动。希罗还因发明了第一台自动售货机而广受赞誉。这是一种投币式装置，使用杠杆分配圣水。

在中东，供职于智慧宫（也被称为巴格达大图书馆）的发明家们也梦想着创造机器人。1206 年，智者伊斯梅尔·阿尔·贾扎里撰写了《精巧机械装置知识之书》。他在书中描述了许多机器，包括一个类似八音盒的自动乐队，被置于一艘小船之上，在皇家派对上用来招待客人。

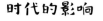

阿尔·贾扎里为人熟知的自动装置之一——大象水钟（1206 年）。

时代的影响

技术腾飞，发明涌现（如算盘和印度-阿拉伯数字），这些都让人类向前飞跃了一大步。这是整个历史上不断重复的主旋律——技术发展仰赖于人类的需求，反过来技术又将人类团结起来解决越来越复杂的问题。

诸如埃及亚历山大图书馆、巴格达"智慧宫"等地都是古代世界数学和科学发展的中心。

在中世纪的欧洲，财政部主要负责计税。

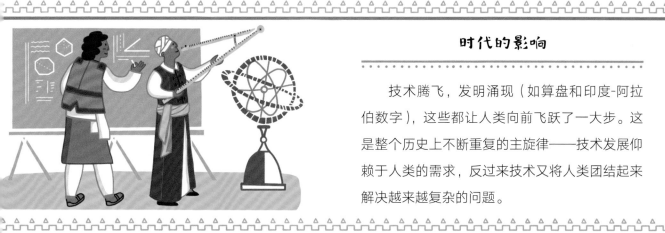

重大发明

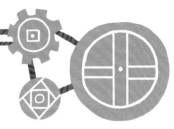

密码棒　前700年

正如现代军队在发送情报时注重保密性一样，古代帝国也需要发送密信，即使被敌方截获也不用担心泄露机密。古希腊的斯巴达军队发明了一种被称为"密码棒"的工具加密通信。

"密码棒"由两根完全相同的木棍组成，一根在发送者手中，另一根在接收者手中。每当需要发送信息时，发送者都会先将一卷羊皮纸缠绕在木棍之上再书写。当从木棍上拆下羊皮纸后，信息就会变成无序的字母，旁人无法理解。只有当收信人重新将羊皮纸缠到自己的木棍上时，这些字母才变得有意义。这是已知最早的用于加密传输的工具之一，也是最早的密码装置之一。

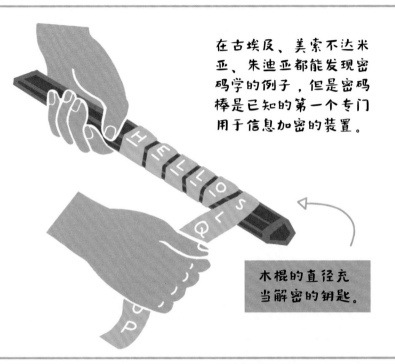

在古埃及、美索不达米亚、朱迪亚都能发现密码学的例子，但是密码棒是已知的第一个专门用于信息加密的装置。

木棍的直径充当解密的钥匙。

奇普结绳记事法　1400年—1532年

随着庞大的印加帝国在安第斯高地扩张，人口逐渐发展到1200万左右，因此当时的人们迫切地需要一种方法来收集和记录数据。奇普是一种极其复杂的记录方式，由以不同方式打结的彩色棉线制成。历史学家认为，奇普用于统计数据和保存人口普查数据，同时也用于记录事件、当作日历以及发送消息。

因为安第斯山脉气候干燥，奇普结绳得以保存完好。但就像对前哥伦布文明的方方面面都知之甚少一样，我们对奇普结绳记事法仍旧是雾里看花，不甚了解。不过能肯定的是，这是一种基于数学来保存历史记录的巧妙方法，并且在印加帝国的各个层面都得以应用。

绳子打结的方式、放置的地方、所属的分组以及各异的颜色都有不一样的数字含义。

用天和星座来划分年

安提基特拉机械

不同齿轮分别代表太阳、月亮、水星、金星、火星、木星和土星。

在一个木箱里装着30多个青铜齿轮。

安提基特拉机械 前 150 年—前 100 年

1900 年 10 月，采集海绵的潜水员在希腊安提基特拉岛海岸发现了一艘沉船，里面满是前 150 年的雕像和文物。在众多宝物中有一块黏糊糊的、被腐蚀的绿色金属，这就是现在所说的安提基特拉机械。在 20 世纪 70 年代和 90 年代，历史学家使用 X 射线成像技术揭示了这块金属并非普通的废铜烂铁，而是一种古老的装置。2006 年，学者们使用计算机断层扫描成像展示了器械上的铭文和复杂的齿轮构造。安提基特拉机械是已知的古代世界最精密的装置，在接下来的一千年内都没有其他装置能与之比肩。

古希腊人通过转动手摇曲柄来进行操作，装置内部许多相扣的青铜齿轮可以预测占星事件、月相、日食、日历周期、二至点①和奥运会举行的日期。历史学家推测，该装置可能用于规划作物种植、宗教占星术、科学研究和军事战略。

① 在北半球，二至点可以简单理解成夏至和冬至，夏至时太阳距离地球最远，冬至时太阳距离地球最近。

世界 各地 的 算盘

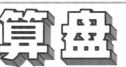

算盘的基本原理

几个世纪以来，类似于现代算盘的计数板和其他计数工具被用于进行快速计算。尽管许多文化的算盘样式不尽相同，但原理一般是相通的。通常，每个杆代表一个数位，每颗珠子代表一个数值。通过上下（或左右）滑动珠子，人们可以使用算盘来记录总和、进位和其他重要数字。

每一颗珠子代表数值 1

这个算盘表示的值是 3571

100 颗珠子的简易算盘模型

每一个横杆表示一个数位

1 000 000 000
100 000 000
10 000 000
1 000 000
100 000
10 000
1 000
100
10
1

罗马手持算盘 "沟算盘" 1 世纪

古罗马商人、官员和工程师使用的已知最早的便携式计数板之一。

1 罗马磅等于 12 盎司，因此罗马手持算盘采用十二进制。

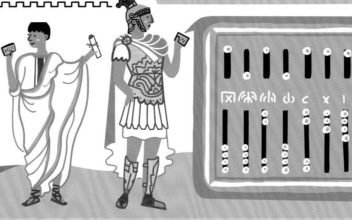

由一块金属平板和在凹槽中可移动的珠子构成。

中美洲算盘 "Nepohualtzintzin" 900 年—1000 年

这种算盘每行 7 颗珠子，共 13 行。这 91 颗珠子的倍数被用来代表一年中的四季、玉米收获周期的天数、怀孕的天数和日历年的天数。后来西班牙殖民统治使前哥伦布时期的文物遭到破坏，关于这种算盘只留下了一些蚀刻版画和文字的记录。

描述这种算盘的古玛雅文物已被发掘。

有证据表明这是一种可戴的手镯式算盘。

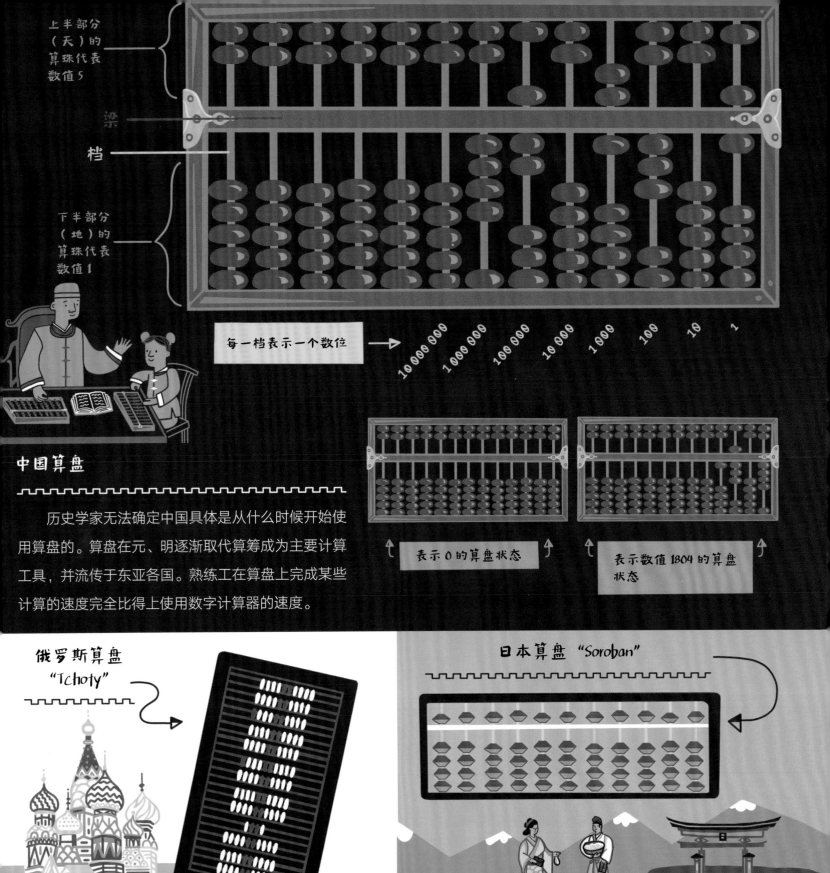

上半部分（天）的算珠代表数值5

梁

档

下半部分（地）的算珠代表数值1

每一档表示一个数位 →

10 000 000　1 000 000　100 000　10 000　1 000　100　10　1

中国算盘

历史学家无法确定中国具体是从什么时候开始使用算盘的。算盘在元、明逐渐取代算筹成为主要计算工具，并流传于东亚各国。熟练工在算盘上完成某些计算的速度完全比得上使用数字计算器的速度。

表示 0 的算盘状态

表示数值 1804 的算盘状态

俄罗斯算盘 "Tchoty"

日本算盘 "Soroban"

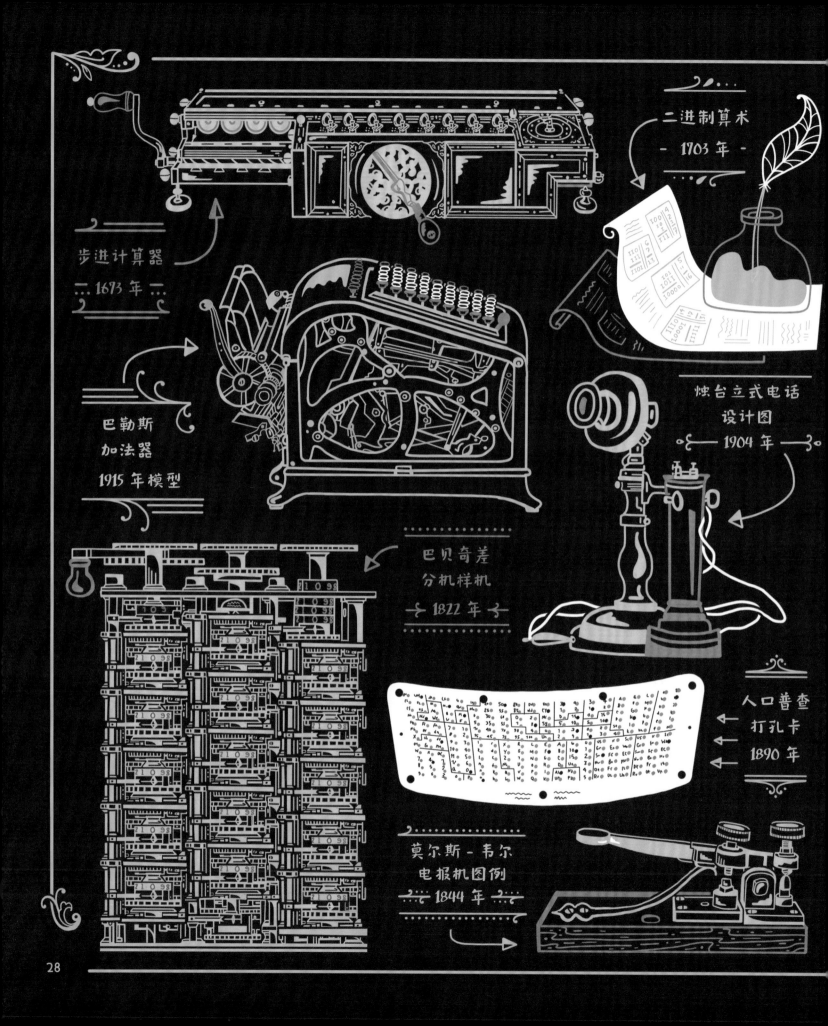

二进制算术
- 1703 年 -

步进计算器
1673 年

巴勒斯
加法器
1915 年模型

烛台立式电话
设计图
1904 年

巴贝奇差
分机样机
1822 年

人口普查
打孔卡
1890 年

莫尔斯 - 韦尔
电报机图例
1844 年

蒸汽机器

1600年—1929年

计算器与计算机梦想

工业革命通过自动化改变了我们的世界。尽管从古希腊开始人们就对过热蒸汽的潜能进行了研究，但直到 18 世纪，钢铁制造领域的几项工程性突破才使对蒸汽机的研究由理论变为现实。蒸汽机利用沸水产生的能量转动曲柄。发明家们通过这种简单运动实现的自动化来制造机器，例如，借助发动机的旋转力完成缝补纺织、抽取地下水和锯木等任务。到 1820 年，蒸汽机已经能够为火车、轮船和工厂提供动力。这一时期的工厂，制造产品的劳动力以新的方式进行了重组，这种方式就是我们熟知的"流水线"。流水线将体力劳动分解为特定的重复性任务，工人各司其职，完成单一的任务，效率比以往更高（当然最终商品的价格也更低）。流水线和蒸汽驱动的工具使大规模制造成为可能。

在这个时期，数学也很发达。当时的计算员（按照有效方法进行数学计算的人）协同工作，创建复杂的数学表格便于参考。类似于流水线分解体力劳动，计算员将脑力劳动划分为多个小任务以解决大问题，人们还发明了机器来辅助这种重复性的脑力劳动。数学家们距离自己的梦想更近了一步，发明出可以自己"思考"的机器也指日可待了。

在这崭新的机械世界，美国主导了商用机器市场。这个时代的数学发现（如二进制算术和布尔代数）将在未来应用于电子设备中。尽管当时这些发现和设备尚未被激发出全部的潜力，但是不可否认的是，这一时期的许多发现铸就了计算机历史。工业革命为 20 世纪计算机的诞生揭开了序幕。

时间轴

滑动计算尺

约翰·纳皮尔

1621年

1614年
第一次阐释
对数的原理

滑动计算尺被发明

由威廉·奥特雷德发明的滑动计算尺由两个对数刻度组成，是一种便携式机械设备。工程师在20世纪70年代使用这种计算尺来进行特定计算。

1613年

"computer"一词初亮相

"computer"一词首次出现在诗人理查德·布雷斯韦特《年轻人拾遗》书中。然而，这里指的并不是机器，而是以数学计算为生的人（计算员）。

1760年

工业革命开始

技术的发展和制造业的繁荣创造了大量的就业机会，这使得人们离开农场，来到城市生活。虽然工业革命始于英国，但发电机和燃煤蒸汽机等发明将会改变整个世界。

查尔斯·巴贝奇

1834年 分析机

查尔斯·巴贝奇梦想着创造出一台具有思考能力的可编程机器，这就是分析机的由来，它被认为是第一个通用计算机的可行设计。虽然分析机没有真正被制造出来，但它本身的设计非常先进，包含了现代计算机的许多功能。

20世纪之初，被称为"猫咪胡须"的半导体运用于晶体无线电接收器。

1874年

半导体二极管的发明

1874年，卡尔·费迪南德·布劳恩发现，用细金属线探测方铅矿晶体时，电流仅在一个方向上传导，这是半导体能够运用于电子产品的其中一个原因。

"沃森先生，麻烦来一趟，我有事找你。"

亚历山大·格拉厄姆·贝尔

1876年

第一通电话

亚历山大·格拉厄姆·贝尔给他的助手打了第一个电话，向世界宣告他的发明能够让人们"用电说话"。到20世纪20年代，大约三分之一的美国家庭拥有了电话。

亚历克西斯·克
劳德·克莱罗

妮可-雷
讷·勒波特

约瑟夫·杰罗
姆·拉朗德

1758年

计算员预测哈雷彗星回归

三位法国数学家通力合作绘制了哈雷彗星的运动路径。他们每个人负责这项复杂数学计算的不同部分，这次团队合作取得了巨大的成功！同时也推动了许多政府资助的项目，包括招募大批的计算员来创建不同类型的数学表格。

乔治·
布尔

A	B	A与B
真	真	真
真	假	假
假	真	假
假	假	假

1854年

布尔运算

乔治·布尔在发表的《思维规律的研究》一文中详述了布尔代数的规则和依据。1936年，工程师克劳德·香农意识到布尔代数可以用于描述构成计算机电路的逻辑门。

电报

谁？

什么？

1864年

第一份通过电报群发的垃圾邮件

建设电报基础设施的初衷是为了连接19世纪不断发展的经济体，人们在19世纪40年代初期开始使用电报进行通信。1864年，第一封垃圾邮件——牙医的宣传广告，是通过电报发送。

1904年

真空管的发明

约翰·安布罗斯·弗莱明爵士发明了第一版真空管，这是一种使得电流单向流动的装置，被用作收音机和电视机的放大器；数十年后，改进后的版本应用于计算机中。

1911年

CTR Co. → BUSINESS INTERNATIONAL MACHINES

计算制表记录公司的成立

文档管理行业的多家公司合并组成了计算制表记录公司（简称为CTR），并于1924年更名为国际商业机器公司（简称IBM）。

历史故事

工业革命期间， 新技术改变了人们工作的方式。以前需要熟练的鞋匠或木匠花费几个小时才能完成的工作，现在借助新工具以及重组劳动力的流水线，在几分钟甚至几秒钟内就能完成，因此商品开始大批量生产。像耕地这样的传统体力劳动被蒸汽驱动的新发明所取代。机械生产率的提高使许多工人和农民失业，迫使他们离开农村，去往新的城市工厂。新兴产业的蓬勃发展给早期工人带来的却是微薄的薪资和恶劣的工作条件。有了蒸汽驱动的交通工具，全球贸易便不再受制于风向和帆船。19 世纪末，蒸汽船能够把大批量生产的消费品送到最偏远的消费者手中。这大大增加了货币财富，反过来又增加了对准确统计和快速数学计算的需求。工人们只需要使用印刷版的算法表就可以完成计算，而不再需要一遍又一遍地重复计算相同的数学问题。这些算法表是由一群计算员制作的，他们使用特定的算法通力合作。从水手所需的星图到工程师的三角表，当时的人们根据各行各业的需求印制了不同的算法表。任何在工作中遇到数学问题的人都依赖这群计算员制作的表格来解决。

差分机

出类拔萃的数学家查尔斯·巴贝奇被指派检查数学表是否有误的任务。他与天文学家约翰·赫舍尔共事，为《航海天文历》制作星表。巴贝奇不愿做这种重复且无聊的工作，沮丧地喊道："我恳请上帝，让蒸汽来完成这些计算吧！"

数学表中的人为失误和印刷错误是政府对此不放心的重要原因。军队依赖弹道表，就像船只依赖天文图一样。巴贝奇看到了这个机会，设计了一台可以计算多项式表格并进行打印的机器，这台机器像落地钟一样准确！他称这种机械计算器为"差分机"。英国政府十分看好这个项目，并拨款 17500 英镑用于制造这台机器（这笔钱在当时足够买两台全新的火车引擎了）。1822 年，巴贝奇制造了差分机的一小部分作为概念证明。巴贝奇携它出现在晚宴上的时候惊艳四座。

中国古代、古印度和古埃及都曾使用二进制数字。

1703 年，德国数学家戈特弗里德·威廉·莱布尼茨提出了二进制算术运算。

1838 年，由于新型电报技术，莫尔斯电码得以发展。

计算员（Computer）

"计算员"指按照有效方法进行数学计算的人，这一职业现象延续到了 20 世纪 60 年代。

坐着的都是打孔机的操作员。

而监督员都是站着的。

17—19 世纪的机械计算器

一开始，机械计算器因其难以生产，是富人才有的新奇玩意儿。到 19 世纪末，机械计算器才大批量生产，成为各行各业的必需品。

席卡德计算器 1623 年

莱布尼茨步进计算器 1673 年

帕斯卡加法器（也被称为滚轮加法器）1642 年

托马斯计算器 1850 年

菲尔特键驱机式计算器 1884 年

巴勒斯计算器 1892 年

1873 年，开尔文勋爵发明了预报潮汐的仪器模型。

20 世纪 30 年代，美国政府创建了多项"计算员"项目。

科学家
↓
规划者
↓
工人

是"计算员"项目的基本架构。

但是很可惜，由于种种原因，差分机一号从未完成。原因之一在于其复杂的制造技术，内含 25000 多个零件，重达 4 吨，更有传言说巴贝奇和他的机械师因此打了一架。1834 年，他已经为了差分机倾囊而出，但收效甚微。在项目几乎停滞的同时，他的注意力转移到一个更好的项目上，他称之为分析机。

分析机不仅仅是一个计算器，它可以通过编程来解决任何类型的数学问题。工厂用打孔卡对机械织布机进行编程（见第 36 页），受此启发，巴贝奇设想的打孔卡也可用于对机器进行编程和存储信息。这台通用机器有许多与现代计算机相同的功能。巴贝奇继续未竟的事业，自己出资研究分析机，并在 1847 年到 1849 年继续设计差分机二号。虽然巴贝奇的机器在他有生之年没有完成制造，但人们认为分析机是第一个可编程的、"会思考"的机器，是实现科学家梦想

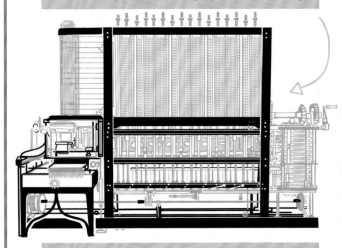

差分机二号是查尔斯·巴贝奇最新的设计，直到 2002 年才在伦敦科学博物馆制造完成。

整个工程历时 17 年，共有 8000 个零件，重 5 吨，长约 3.35 米。

的第一步，巴贝奇的研究启发了一代计算机科学家。

成堆的打孔卡

美国人口普查

美国进入工业革命的时间稍晚于欧洲。不过到了 19 世纪 80 年代，美国的制造业飞速发展，人口也快速增长，手动处理数据的方法不能再满足美国人口调查局的工作需要。人口普查不仅需要统计国内居民的人口数量，还需要收集婚姻状况、职业、年龄、性别和种族等数据。美国宪法规定，每十年需要完成一次人口普查。到 1880 年人口普查制表时，当时的美国人口已经非常庞大，如果沿用当时基本的统计机器和手工计数方法，需要将近八年的时间才能处理完所有数据。与此同时，人口还在继续增长。照此发展，1900 年之前是不可能完成 1890 年的人口普查的。政府需要一种新的方法来对这些庞大的数据进行存储和分类！

1888 年，美国政府举办了一场比赛，为了寻找能最快完成数据处理的机器，优胜的机器制造者将获得 1890 年人口普查合同及其丰厚利润。统计学家赫尔曼·何乐礼凭借"机电打孔卡片制表机"赢得了这个合同。他的灵感源于打孔卡，他注意到火车乘务员为避免车票被重复使用，会在车票上打孔以此标记乘客的眼睛颜色等特征。打孔卡是自动存储和数据分类的关键。其他机器需要将近两天的时间来准备制表数据，而何乐礼只用了五个半小时！训练有素的职员使用何乐礼的制表机在两年半内处理了 6000 多万张打孔卡片，为美国政府节省了数百万美元。此举成功推动了整个自动化数据收集的打卡机行业。

进入劳动行业的女性
新技术的崛起意味着越来越多的女性进入劳动行列，她们担任电报和电话接线员或者是计算员。

受雇于 1890 年美国人口普查的职员大多是女性。

人口普查职员

电话接线员

从一开始，女性就成为了现代计算机史不可分割的一部分！

商用机器

美国企业在 20 世纪 10 年代到 20 年代使用电动制表机。有了打孔卡和特定机器的帮助，计算和记录工资单、库存、发票和员工考勤都变得更加容易。1896 年，赫尔曼·何乐礼创立了制表机公司，专攻打孔卡分拣技术。经过一系列合并后，它于 1924 年更名为国际商业机器 (IBM) 公司。

IBM 出租企业需要的机器——例如商用秤、工业用时间记录器和制表机——同时销售专为这些机器制造的一次性打孔卡片。这种商业模式通常被称为"剃刀和刀片模式"，使得 IBM 区别于其他倒闭的公司，在大萧条中幸存下来。整个世纪以来，随着技术和计算的进步，IBM 将继续强势出现到计算机历史中。

IBM 对早期企业文化的影响至今还能感受到。

永远向前

企业文化

为了激发员工的忠诚度，IBM 组织员工唱团结歌、穿制服样式的深色西装并打好领带、遵照个人的行为准则并且接受特殊的培训。
批准加入百分百俱乐部以及发放奖金是激励销售员工作的法宝。

时代的影响

工业革命从根本上将全球经济从农业劳动转移到制造业，从而产生了对类似于现代案头工作的需求。政府资助大型计算员项目并鼓励电动制表机等发明。自动化的数据收集方式成为管理爆炸式增长的人口和实现商业抱负的强大工具。未来之神眷顾那些可以将这种繁重的数学工作交给电气设备的国家。到了这个时代的尾声，少数远见卓识的人看到了这些机器所蕴含的巨大潜力，为现代计算机信息处理技术奠定了基础。

IBM 办公室里随处可见带有 IBM 格言"思考"的标牌。

思 考

诸如戏剧《罗素姆万能机器人》（1921 年）以及电影《大都会》都将机器人和人工智能的概念引入了主流文化。

重大发明

雅卡尔织布机　1804 年

织布机改变了纺织方式，也对计算机的发展产生了影响。手工编织复杂的图案需要大量的时间和重复的劳动。1804 年，商人兼织工约瑟夫·玛丽·雅卡尔发明了一种用于织布机的机械附加设备，可以自动编织任何图案，从此纺织业焕然一新。图案是由一张打了孔的长条硬卡片纸"编程"得来的。这张卡片就是打孔卡片的前身，后者在未来用于创建复杂的计算机程序。

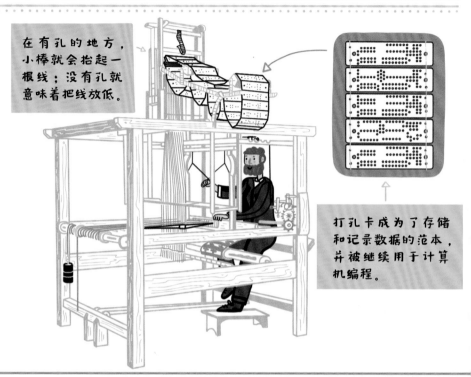

在有孔的地方，小棒就会抬起一根线；没有孔就意味着把线放低。

打孔卡成为了存储和记录数据的范本，并被继续用于计算机编程。

分析机与第一个计算机程序　1843 年

数学家和诗人埃达·洛夫莱斯在 17 岁时接触到查尔斯·巴贝奇的工作成果。当时巴贝奇在一次聚会上展示了他的差分机样机，此后两人开启了长期的合作。洛夫莱斯深受分析机设计的启发，其实分析机在本质上就是一台通用计算机。1843 年，她翻译并发表了一篇关于分析机的法语文章，并附上了自己的评论和笔记。洛夫莱斯提到，这台机器除了能做数学计算之外，还有潜力做更多的事情，比如做任何程序员能想到的事情（甚至可以创作音乐）。洛夫莱斯还在笔记中编写了一个分析机可以运行的算法。如今，历史学家认为这个算法是有史以来第一个计算机程序，她的笔记也成为计算机历史上最重要的文献之一。

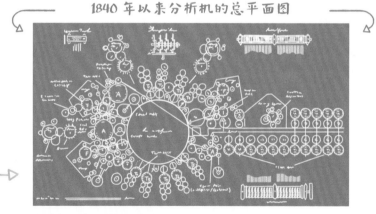

1840 年以来分析机的总平面图

这幅平面图已经包含现代计算机的许多部分，例如算术逻辑单元以及以条件分支和循环为代表的控制流。

洛夫莱斯使用被称为"冷数据计数器"的工具，看到了自我表达的可能性。

读卡器

操作员合上金属板，卡纸上有孔的地方就会有一根探针蘸进蓄有水银的凹槽，形成闭合电路，而后某个特定的控制表盘上的计数器会进行累加操作。

分拣台

一张卡片登记成功之后，就会有一个特定的抽屉打开，告诉操作员这张打孔卡应当放置在那里。

何乐礼制表机的控制表盘

40 个控制表盘中每个表盘代表一个不同的数据项目

成堆的打孔卡

打孔机

美国人口普查职员将每位市民的数据以打孔形式呈现在卡上。

何乐礼的制表机　1888 年

　　第一台机电制表机用于 1890 年的人口普查（安装于 1888 年）。控制表盘统计打孔卡上特定位置的孔数，卡片上孔的特定位置也用于对卡片进行自动分类。这使得生成统计结果变得非常容易。例如，操作员可以很快找出有多少个年龄超过 25 岁、已婚并且拥有自己房子的消防员。机器每读一张卡，就会响起铃声，让操作员知道需要记录数据了。一个有经验的操作员可以在一分钟内处理大约 80 张卡片，比手工分拣快 10 倍。

名人堂

她成为技术领域女性的标杆。

"分析机无论如何都不能标榜自己创造了什么。它只能循规蹈矩完成我们的指令。"

她在笔记中编写的分析机运行算法被视为世界上第一个计算机程序。

埃达·洛夫莱斯
1815—1852

"语言是促成人类理性的工具，而不仅仅是表达思想的媒介，这是公认的真理。"

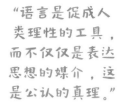

乔治·布尔
1815—1864

1854 年，他提出"布尔代数"，这是一种测试某句话① 是真还是假的数学逻辑推理法。
"真""假"的二进制也可以转化为电路的"开""关"或者数字"1""0"。几十年后，计算机电路就使用了二进制逻辑，因为机器只能理解二进制。

① 在现代哲学、数学、逻辑学、语言学中，这些句子也被称为命题。

格兰维尔·伍兹
1856—1910

设计了差分机和分析机。

"每一次知识的增长，每一种新工具的发明，都在减少人类劳动。"

许多历史学家将其誉为"计算机之父"。

查尔斯·巴贝奇
1791—1871

19 世纪，许多发明家创造了有线通信的新方法。1887 年，伍兹申请了同步多路复用铁路电报的专利，这种技术被用于行驶的列车上。

他的许多发明让列车运行更加安全，并用于纽约市的地铁。

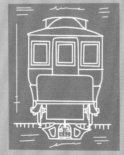

因其天资聪颖，多家报刊称其为"黑人爱迪生"。

创造了第一台象棋自动机并在 1914 年成功进行演示。

在《自动化论文集》（1913 年）中提出浮点运算的想法。

西班牙工程师、数学家，在 20 世纪早期开创了远程无线电控制。

莱昂纳多·托雷斯·奎韦多
1852—1936

"（乘务员）在车票上打孔以记录乘客的体貌特征，如浅色头发、深色眼睛、大鼻子等。所以你看，我只是给每个人做了一张打孔照片而已。"

赫尔曼·何乐礼　1860—1929

赫尔曼·何乐礼凭借其极具前瞻性的"机电打孔卡片制表机"赢得了 1890 年人口普查的合同，并于 1889 年获得专利。何乐礼的制表机大获成功，永远改变了信息的处理方式。1896 年，何乐礼创办制表机公司，将制表机出租给世界各地的政府。因其垄断了制表机技术，他愈发贪婪，把租金提高到美国人口调查局无力承担的程度。而后，政府开发了自己的制表机来进行 1910 年的人口普查，此举几乎（但不完全）违反了专利法。

1912 年，何乐礼出售公司，但保留首席顾问的职位，公司变成了后来的计算制表记录公司（简称 CTR）。一提到要在他原有的设计上进行改进，他就变得异常固执。很快，CTR 就面临财务危机，需要新的发明和技术创新。1914 年，CTR 聘请老托马斯·约翰·沃森领导 IBM，尝试摆脱困境。沃森开始通过创建研究团队和实施新的销售策略来改善公司状况。何乐礼始终与公司共进退，直到 1921 年退休。他声称自己"完全被船、公牛和黄油占据心神"，安心地去享受田园生活了。

何乐礼自认是一名统计工程师，但他的制表机最终以远超他想象的方式得以使用。他的发明奠定了未来一百年中数据处理的基础。

"简而言之，担任任何执行职务的男性或女性，其首要职责就是遵循这个职位的箴言：思考。"

老托马斯·约翰·沃森　1874—1956

老托马斯·约翰·沃森的第一份工作是旅行推销员，在马车上售卖钢琴和风琴。1895 年，他进入全美现金出纳机公司（简称 NCR）担任推销员。NCR 的总裁约翰·亨利·帕特森是个古怪的老板，他经常强迫员工骑马，并根据自己的心情给员工发放奖金或解雇员工。但他通过发表演讲、创造口号和提供奖金来激励销售人员，创造了一种强大的企业文化。这也影响了沃森后来在 IBM 的领导方式。沃森掌管 NCR 的销售培训学校，引领"思考"的口号。1911 年，沃森成为 NCR 的总经理后，却忽遭帕特森解雇。沃森带着他"思考"的口号离开，在 CTR（后来在他的领导下变成 IBM）谋得一职。沃森在 11 个月内成为公司总裁，并组建了一支专门致力于研究和发明的团队，为 IBM 建立了市场竞争优势。

在沃森的领导下，IBM 几乎垄断了商用机器市场。20 世纪 30 年代，他轻率冒进地从事国际贸易，包括向纳粹德国提供人口普查机，那些机器间接导致了大屠杀的惨剧。像当时的许多工业巨头一样，即使在战争面前，沃森依旧愚蠢地坚持商业自由化，最终酿成了无法挽回的悲剧。

尽管沃森自己并没有创造任何新技术，但通过他的（有时未必正确）商业策略，他建立了世界上最强大的科技公司之一。二战期间，在沃森的领导下，IBM 帮助美国军方制造了马克一号——第一批计算机之一。他在去世前一个月从 IBM 退休，将商业帝国的缰绳交给了他的儿子小托马斯·约翰·沃森。

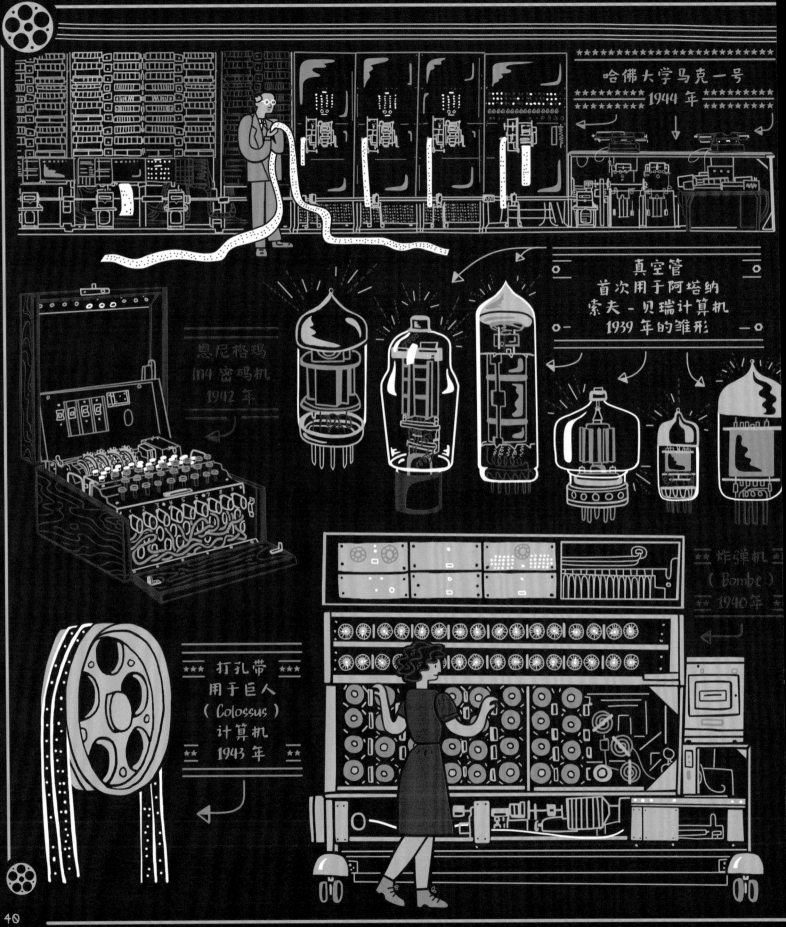

哈佛大学马克一号
1944 年

真空管
首次用于阿塔纳
索夫－贝瑞计算机
1939 年的雏形

恩尼格玛
(n4 密码机
1942 年

炸弹机
(Bombe)
1940年

打孔带
用于巨人
(Colossus)
计算机
1943 年

第二次世界大战和第一批计算机

1930年—1949年

战争机器

1939 年，纳粹德国入侵波兰，引发第二次世界大战。纳粹德国妄图主宰整个世界，开始入侵欧洲，同时对犹太人、吉卜赛人、残疾人和性少数群体等实施由国家发起的种族灭绝行动，史称"大屠杀"。这场世界反法西斯战争一直持续到 1945 年，全球分为轴心国（德国、日本和意大利）和同盟国（英国、美国、苏联和中国）。第二次世界大战是一场大规模的战争，在全球范围内动员了大约 7000 万人的军队，需要炮弹的弹道轨迹、雷达系统和密码破译等技术支持，而这些技术都需要庞大的计算量。正是在这场战争的铺垫下——建立了由军方资助的大规模技术项目——才催生出第一代可编程计算机。

当时有大量的财力和人力投入到研制"机械大脑"的绝密政府项目上，这些"机械大脑"有助于破解密码和制造炸弹。英国的巨人计算机和美国的哈佛马克一号是最早的一批计算机。这些巨大的、热得烫手的机器能占据一整间房子，房子里到处都是嗖嗖作响的打孔胶带、叮当作响的零部件和闪烁微光的指示灯。这些战争机器能够取代人工，完成过于复杂和耗时的计算。计算机帮助同盟国赢得了第二次世界大战，巩固了计算机技术在战争武器库中的地位。

时间轴

加利福尼亚帕洛阿尔托的惠普（HP）车库

戴维·帕卡德 1938年

比尔·休利特

硅谷的诞生

这间被誉为"硅谷发源地"的惠普（HP）车库位于美国加利福尼亚州的帕洛阿尔托，这是比尔·休利特和戴维·帕卡德制造收音机并创办公司的地方。在20世纪70年代，美国的旧金山湾区南部因其聚集了多家计算机公司而被称为"硅谷"！

1936年 "Model K" 加法器

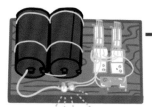

贝尔实验室的科学家乔治·斯蒂比兹创建了一个简单的逻辑电路，可以让两个二进制数字做加法。他在厨房里使用废旧的继电器和锡罐中的金属建造了这个加法器，这表明布尔逻辑可以用于设计计算机。

麦麦克斯系统

1945年

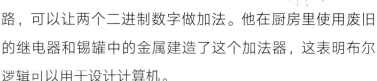

《诚如所思》

① 麦麦克斯，英文为 memex，是 memory（存储器）和 index（索引）的组合词。

美国工程师和科学管理员万尼瓦尔·布什发表了一篇颇具影响力的推测性文章，主题是一种名为"麦麦克斯系统"的存储扩展器①。他在文章中描述了线上百科全书、超文本概念以及互联网等未来技术——几十年后这些技术才得以实现。

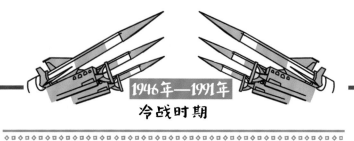

1946年—1991年
冷战时期

二战结束后，美苏之间开始了一段被称为"冷战"的地缘政治紧张时期。作家乔治·奥威尔将冷战描述为"两三个可怕的超级国家，每个国家都拥有一种可以在几秒钟内消灭数百万人的武器"。

克劳德·香农

1 = 开 = 真
0 = 关 = 假

1948年
比特

克劳德·香农在论文《通信的数学理论》中定义了"比特"。一个"比特"由单个二进制数字 0 或 1 表示。它是最小和最基本的信息单元。

1943年

巨人计算机

1943 年到 1945 年，英国军方在绝密的军事场所布莱奇利园建造了巨人计算机。

1944年

由霍华德·艾肯设计

程序员格雷丝·霍珀

哈佛大学的马克一号

哈佛马克一号是美国研制的第一台可编程计算机。该机器服务于美国的战争需要，后来为曼哈顿计划进行计算。

哇哦

1946年 电子数字积分式计算机上市

电子数字积分式计算机（简称 ENIAC），第一台可编程的通用电子计算机问世。媒体界被其展示出的"机械大脑"震撼。

1947年

第一只"计算机虫子"

哈佛马克一号和二号的机体太热，容易吸引昆虫。1947 年，一只飞蛾飞进马克二号导致了硬件故障，被称为第一只"计算机虫子"，后来人们把程序故障戏称为"虫子"（bug）。

"如果一台计算机能够欺骗人类，使人类相信它也是人类，那么它就应该被称为智能计算机。"
——艾伦·图灵

你最喜欢哪一首歌？

1950年

《草地上的大树》

基于一个聚会游戏，玩家需要在看不见对方的情况下，猜测对方的性别

图灵测试

英国数学家和密码学家艾伦·图灵开发了一种方法来判断计算机是否真正"智能"。一名测试者向一台计算机和一个真人提出相似的问题，根据回答来猜测两者之间哪一个是人类。如果计算机能成功骗过测试者，那么它就被认为是智能的。这是人工智能发展中的一个重要理论，被称为"图灵测试"。

历史故事

第二次世界大战是多战线作战， 绝密实验室就是战线之一。这是一场技术竞赛——究竟哪一方能率先研发出射速最快的枪支、最先进的雷达系统、最复杂的加密和解密方法以及最大的炸弹。赢得这场战争所需的计算规模对于人类计算员和机械计算器来说都太庞大了，由于时间紧迫、高度机密，英国和美国各自开发了战时计算机以取得竞争优势。

科幻小说作家艾萨克·阿西莫夫发表小说《环舞》（1942年），被收录于短篇小说集《我，机器人》，这部小说集影响了后世的AI研究人员。

德国恩尼格玛密码机一号

波兰Bomba（炸弹机）

德国洛仑兹密码机

布莱奇利园

战争期间，英国受到纳粹德国攻击。信息是所有军队的命脉，英军需要破解纳粹的秘密信息。随着炸弹如雨点般袭击着英国城市，政府决定在布莱奇利园组建一个秘密的密码破译小组。

德军的通信由恩尼格玛密码机加密，加密后的信息很容易被截获，但没有密钥就无法破解，而纳粹每天都会更改密钥。可能的密钥组合超过15亿亿种，但破解每个密码的时间只有24小时。为了扭转颓势，在布莱奇利园内，数学天才艾伦·图灵领导着一支特殊的解密团队正忙碌着。

从1938年开始，波兰密码局制造了一台名为Bomba（炸弹机）的机器（可能因其滴答声而得名），用来破解恩尼格玛密码。在第二次世界大战期间，新的恩尼格玛密码机加密的信息无法被Bomba机器破解。图灵在波兰机器旧版本的基础上进行了改进，开发了一种名为Bombe的密码破解器，它利用了恩尼格玛密码机的一个缺陷——在同一条加密信息中，同一个字母不会被使用两次。前两个Bombe机器分别被命名为"胜利"和"艾格尼丝"，布莱切利小组为了战争建造了很多的机器。但这仍然不足以破解纳粹最高司令部使用的洛伦兹密码。洛伦兹密码是一种更复杂的加密方式，使用了12个不同的加密轮。为了破解这些纳粹最高司令部的信息，在布莱奇利园，物理学家汤米·弗劳尔斯花了11个月开发了一种可编程机器，它被称为巨人计算机，并于1943年作为最早的电子计算机之一投入使用。一卷连续的打孔纸带以每小时27英里的速度输入到巨人计算机中，使后者可以在几小时而不是几周内就破解洛仑兹密码。1943年至1945年间，一共10台这样的巨人计算机诞生。

由巨人计算机和Bombe破译的信息对包括诺曼底登陆在内的许多军事行动大有裨益。战后，巨人计算机被报废回收。几十年来，在布莱奇利园的所有工作仍旧是最高机密。

第一代计算机

由于许多不同的团队都独立地研发出了可编程的"会思考的机器"，所以很难界定哪一台才是"第一台计算机"。这些机器都被认为是第一代计算机。

Z1、Z2和Z3计算机（研发于1935年—1941年）
德国

由废弃的金属以反打孔旧胶片制成。

康拉德·楚泽研究课题的产物。

阿塔纳索夫 - 贝瑞计算机（研发于1937年—1941年）
美国

由约翰·文森特·阿塔纳索夫与克利福特·贝瑞开发。

在阿塔纳索夫应征入伍之前只完成了测试，随后项目结束。

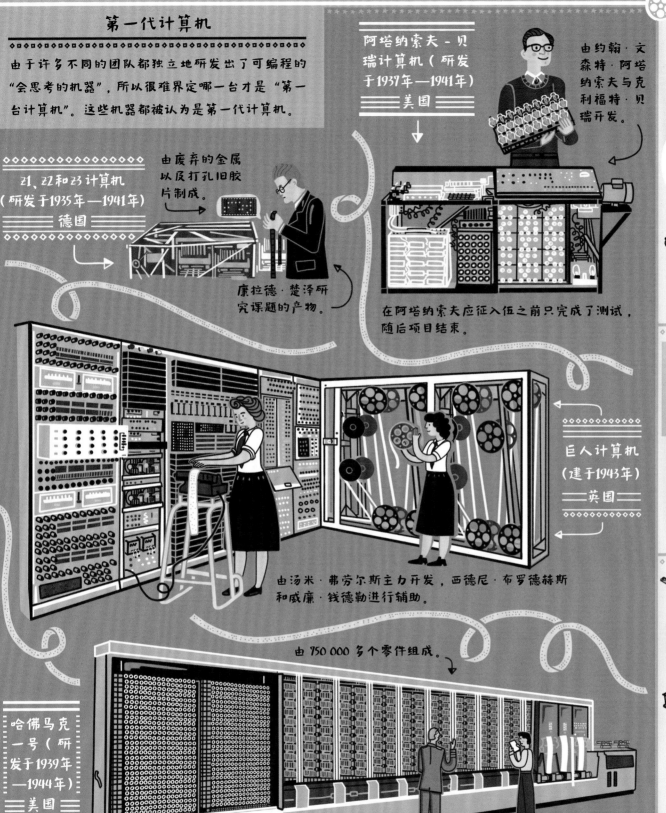

巨人计算机（建于1943年）
英国

由汤米·弗劳尔斯主力开发，西德尼·布罗德赫斯和威廉·钱德勒进行辅助。

哈佛马克一号（研发于1939年—1944年）
美国

由 750 000 多个零件组成。

最初名为IBM自动顺序控制计算机。

长 50 英尺，重达 5 吨。

截至 1945 年，布莱奇利园 75% 的工作者都为女性。

密码专家琼·克拉克也在破解恩尼格玛密码的队伍中。

艾伦·图灵开发了一种破解密码的技术，名为"图灵法"。

颇具盛名的现代工业设计师诺曼·贝尔·格迪斯参与了马克一号的设计。

45

密码破解技术对战时的美国非常重要。

威廉·科菲带领了一支由100位黑人密码专家组成的团队，他们为战时密码破译工作做出了杰出的贡献。

哈佛马克一号开机时，听起来就像是"一屋子女性正在编织"。

火控

美军将计算远程火炮的弹道称为火控。火炮操作手不能简单地直接瞄准目标，而是需要考虑地球的曲率、天气、湿度和风速。所有这些变量都要带入微分方程中。早在第一次世界大战时，一种叫作测距仪的机械计算器就被用来计算和指挥在战场和公海上的炮火。

美国电气工程师万尼瓦尔·布什和他的研究生哈罗德·洛克·哈森于1931年建造了微分分析仪。这台机器能够计算手算无法求解的微分方程。它通过以惊人的速度做计算来模拟地震、了解天气模式、搭建电网，当然了，还有计算弹道轨迹。1942年，布什制造了改进版的全电动洛克菲勒差分分析仪（简称RDA）。RDA并非计算机，却被认为是二战期间使用的最重要的数学机器之一。它帮助计算了原子弹项目中的射表、雷达天线和方程式等计算任务。不过布什的RDA的计算能力仍然受限于机器自身可以完成的方程式类型，因此美国军方需要建造一台可编程计算机。

第一台能够被称为"计算机"的机器是马克一号。

"我们所说的'计算机'是指能够自动执行一系列此类操作并存储必要的中间结果的机器……"
——乔治·斯蒂比兹

美国的第一批计算机

哈佛研究生霍华德·艾肯接手查尔斯·巴贝奇一个世纪前的工作，继续开发可编程的计算机。1936年，艾肯设计了自己的大型数字计算器。在哈佛的图书馆里，艾肯偶然读到了巴贝奇19世纪的著作，他说："感觉巴贝奇仿佛在过去直接与现在的我对话。"三年后，艾肯开始与IBM合作，IBM提供资金和最优秀的工程师来辅助建造他的可编程计算机。1941年艾肯加入美国海军时，他的机器成为一项特殊的军事项目。它被更名为哈佛马克一号，并于1944年完工。

按照现代标准，第一代计算机（例如马克一号）既慢又"笨"，但比手动计算要快得多。计算机的速度取决于它能够以多快的速度打开和关闭其电路中的电流。马克一号的机械开关必须物理移动，这既耗时又意味着它的开关可能会磨损和损坏。一旦设定好操作指令，马克一号需要花费数小时（有时是数天）才能完成计算，这一过程就是艾肯所说的机器正在"造数"。在1959年之前，马克一号一直被用于许多军事计算，包括雷达开发、监视摄像机镜头和鱼雷设计。艾肯继续为美国军方改进哈佛马克系列，领导设计团队从马克一号升级到五号。

在建造马克一号的同时，另一个绝密的计算机项目也在进行中，深藏于宾夕法尼亚大学摩尔电气工程学院的地下室。从1943年到1945年，物理学家约翰·莫奇利和发明家约翰·普雷斯伯·埃克特合力带领一支团队开发了第一台用电子元器件来切换电路开关的大型计算机。它后来被称为电子数字积分式计算机（简称ENIAC）。

与马克一号的机械开关不同，ENIAC 使用真空管控制开关。这意味着它没有需要移动的机械部件，而且运行速度更快。ENIAC 于 1945 年在二战结束的几个月后完工。科学家们声称它计算弹道的速度比子弹还快。当军方决定向公众展示 ENIAC 时，报纸标题上写着"闪闪发光的 ENIAC 全然是一个珍宝"；一段新闻影片说道："这是世界上第一台电子计算机。"

计算机与炸弹

哈佛马克系列和 ENIAC 都用于曼哈顿计划（1942 年—1946 年）。人们担心纳粹德国政府正在开发核武器，因此美国实施了高度机密的曼哈顿计划，目的是先于纳粹德国研制出原子弹。1945 年，美军在日本广岛、长崎投掷原子弹，导致 20 多万人死亡，其中大部分是平民。许多人认为这次残酷的权力展示标志着第二次世界大战的结束，尽管历史学家仍在争论在当时的世界局势下，是否有必要投下这两枚原子弹。

时代的影响

第一代计算机与我们今天随身携带的个人设备相去甚远。它们能够填满整个房间，需要大量的电力才能运行，并且在编程时非常消耗体力。它们被用于计算伤亡人数和瞄准导弹等各种机密项目，计算时会有不停闪烁的灯光和嘀嘀嗒嗒的声响，仅由训练有素的科学家和军职人员操作。即使在战后的几十年中，计算机那庞大的体积和高昂的价格也会让公众望而却步。

二战后的美国成为技术领军者的原因有很多。除了欧洲之外，世界上很多地区也受到轰炸和战火的摧残，但美国大陆却完好无损。与英国不同，美国的军事技术并非是绝密的，许多项目都由大学和私人企业资助。美国战后的繁荣创造了一种新的社会群体（也就是中产阶级）和许多在办公室的工作，这些人和这些工作在日后都会用到在战争期间出现的技术。

美国妇女为战争做出了自己的贡献，她们的身影在工厂、船厂和为战时提供计算服务的"计算员"项目中随处可见。

我们能做到！

二战期间，演员海蒂·拉玛和作曲家乔治·安太尔发明了一种 ◆ 跳频扩频 ◆（简称 FHSS）的通信方式。

起初用于阻止鱼雷劫持，后来变成蓝牙和 WI-FI 技术的基础。

重大发明

晶体管　1947 年

计算机电路的基础是元器件能够在"开"和"关"两种状态之间切换。像哈佛马克一号那样的机械计算机，内部的活动零件并不牢靠且运作缓慢。ENIAC 和巨人计算机使用的真空管很脆弱，容易烧坏。因此需要找到更合适的物理器件！

1947 年，贝尔实验室的约翰·巴丁和沃尔特·布拉顿试图制造一种放大超高频无线电波的装置。他们开始试验一种叫作锗的半导体晶体，发现通过连接两个金触点（放置得很近但不接触），然后给锗通电，就可以放大信号。这种设备被称为点接触晶体管。

晶体管消耗的电能比真空管小得多，体积更小也更耐用。晶体管很快就取代了收音机和电视中使用的真空管。点接触晶体管还能够控制电信号"打开"和"关闭"的状态，使其成为固态的电子开关。1953 年，第一台全晶体管计算机在曼彻斯特大学建成。

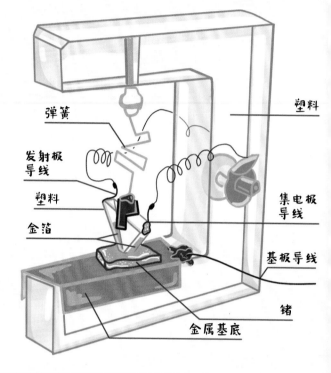

弹簧
发射极导线
塑料
金箔
塑料
集电极导线
基极导线
锗
金属基底

雷达　1934 年

自 19 世纪 80 年代以来，人们就知道固体物质会反射和"反弹"无线电波，这类似于能在洞穴中听到自己的回声！根据这个原理，1934 年，在美国海军研究实验室，科学家们展示了一种初步的无线电探测和测距仪（简称"雷达"），它使用无线电波脉冲来跟踪一英里外的飞机。

二战期间，英国皇家空军的飞机数量远不及德国，但由于先进的雷达系统，飞机数量上处于劣势的皇家空军能够提前发现 100 英里外的敌机并进行拦截。雷达和计算机历史紧密相连。比如许多第一代计算机的显示器都是对雷达观测仪改动后制成的；晶体管和延迟线存储器等技术最早是为雷达研发的，后来才沿用于早期计算机中。今天，在数十亿台设备中都能找到基于雷达的技术。雷达技术对空中交通管制、天气监测、太空探索和智能手机等领域都至关重要！

注：示波器上一个微弱的绿点代表了飞机的位置。

早期计算机里的延迟线存储器使用的技术最早是为雷达研发的。

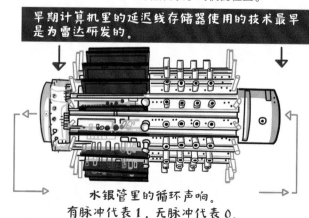

水银管里的循环声响。有脉冲代表 1，无脉冲代表 0。

ENIAC 长 100 英尺 ① （约 30.4 米），
宽 3 英尺（约 0.9 米），高 8 英尺
（约 2.4 米），重达 30 吨。

① 一种计量单位，1 英尺 =30.48 厘米

约翰·普雷斯伯·埃克特

几乎每隔一天，这 18 000 个真空管里就至少有 1 个需要被更换。

约翰·莫奇利

在 ENIAC 的其中一个功能柜上设置开关。

运转的 ENIAC 1945 年—1955 年

ENIAC 是第一台使用电子元器件的大型通用计算机。它读取
IBM 打孔卡进行输入和输出，并使用三个功能柜进行编程，这些柜
子看起来像电话交换机，每个都有 1200 个十位旋转开关 ②。这台
机器填满了一个 100 英尺宽的房间，而对其进行编程也是一项体力
活。进行计算时，18000 个真空管灯不停闪烁。在 ENIAC 运转的十
年中，它所执行的计算量比当时人类历史上的总和还要多。

② ENIAC 采用十进制计算，后来的计算机在数学家
冯·诺依曼的建议下，改成二进制计算，并沿用至今。

名人堂

"我想象中的时代，我们之于机器人，就像狗之于人类一样，我看好机器。"

他弄明白了布尔逻辑如何能应用到电路上。

在布莱奇利园工作的密码破译专家，与艾伦·图灵合作破解恩尼格玛密码机。1944 年，弗劳尔斯带领团队开发巨人计算机。

汤米·弗劳尔斯
1905—1998

巨人计算机辅助诺曼底登陆计划。

战后，他被要求销毁所有巨人计算机的资料，并烧毁设计图。

克劳德·香农
1916—2001

1948 年，他发表论文《通信的数学理论》，因此被称为"信息论之父"。

香农是美国二战时期重要的密码专家。1949 年他发表的论文《保密系统的通信理论》就是基于他在战时的秘密工作。

万尼瓦尔·布什
1890—1974

"只要科学家们可以自由地追求真理，无论真理通向哪里，都会有人探索新的科学知识并解决实际问题。"

"不用担心别人窃取你的创意。只要你的创意够好，你的创意终将被人们铭记。"

1945 年，布什发表了一篇颇具影响力的文章，名为《诚如所思》。

作为科学研究院的领头人，布什合理使用军用开支，着眼于科技，帮助赢得了二战的胜利。他组织并监管了曼哈顿计划。

1950 年，在布什的倡议下，美国成立国家科学基金会（National Science Foundation，简称 NSF）用于资助和平时期的研究。

他是战时军用计算机科学项目的负责人之一。

他发表了很多关于电子学和数据处理的论文。

霍华德·艾肯
1900—1973

他带领团队建造了哈佛马克一号到马克四号。

"一个有纸、笔和橡皮，并受到严格纪律约束的人，实际上是一台通用机器。"

艾伦·图灵 1912—1954

英国数学家艾伦·图灵被认为是计算机历史上最重要的人物之一。1936 年，图灵提出了现代计算机的概念。他认为，只要有足够的时间和内存容量，这台机器就可以模拟任何算法，再复杂的算法也不在话下。"图灵机"本质上是一种功能强大的计算机。

图灵于 1938 年在普林斯顿大学获得博士学位，然后回到英国从事密码分析工作。二战期间，他在布莱奇利园领导了绝密的密码破译项目。他的团队收集到的情报对提早结束战争起到了至关重要的作用。后来，图灵在他 1950 年的论文《计算机器与智能》中形成了关于人工智能的重要思想，并且提出了终极问题："机器能思考吗？"他设想过未来的计算机复杂到可以像人类一样智能。图灵设计了一个测试：人类测试者分别和一台计算机以及一个人类进行对话，如果计算机可以骗过测试者，让测试者认为它是人类，那么它就是"智能的"。这被称为图灵测试，是人工智能发展的基础。

不幸的是，图灵因为性取向问题违反当时英国的法律。1952 年，警方秘密监视图灵的个人生活，他面临残酷的抉择，牢狱之灾或是进行强制激素治疗。为了继续工作，他选择后者，但过量使用激素使他深陷抑郁。历史学家普遍认同的是，他于 1954 年逝世。2013 年，他获得了英国皇家赦免，作为战争英雄被人铭记。他是计算机科学史上最伟大的科学家之一，为表达敬意，计算机领域的最高奖项（图灵奖）正是以他的名字命名的。

凯瑟琳·安东内利（1921—2006）

弗朗西丝·斯宾塞（1922—2012）

马琳·梅尔泽（1922—2008）

这台机器可以做任何我们想让它做的事，对此我们胸有成竹，深信不疑，这也正是我们一直在做的。

让·巴蒂克（1924—2011）

弗朗西斯·"贝蒂"·霍尔伯顿（1917—2001）

露丝·泰特尔鲍姆（1924—1986）

ENIAC 背后的女性

1945 年 ENIAC 完工后，由六位女性计算员完成了对这台机器进行编程的艰难任务。起初她们甚至没有查看 ENIAC 的权力。当时没有编程工具，她们使用接线框图来找出逻辑、对机器进行编程。当她们最终获得查看权力时，她们通过手动插入数百根电缆并设置了三千个开关来完成编程。她们因创建了第一个排序算法和第一个软件应用程序而受到赞誉。

1946 年，ENIAC 走进大众视野。尽管这六位女计算员取得了巨大的成就，但她们所做的工作却没有受到公众的认可。巴蒂克回忆说："我们精通这台机器，却没有被以礼相待。当媒体来的时候，他们让我们像一无所知的模特一样，假模假样地设置开关。我们从未被当成历史的一部分。"这六位女计算员继续工作，并教出了第一代计算机程序员。巴蒂克服务于 BINAC 和 UNIVAC；弗朗西斯·"贝蒂"·霍尔伯顿参与了开发编程语言 COBOL 的项目。她们改变了计算机历史的进程，现在被公认为先驱！

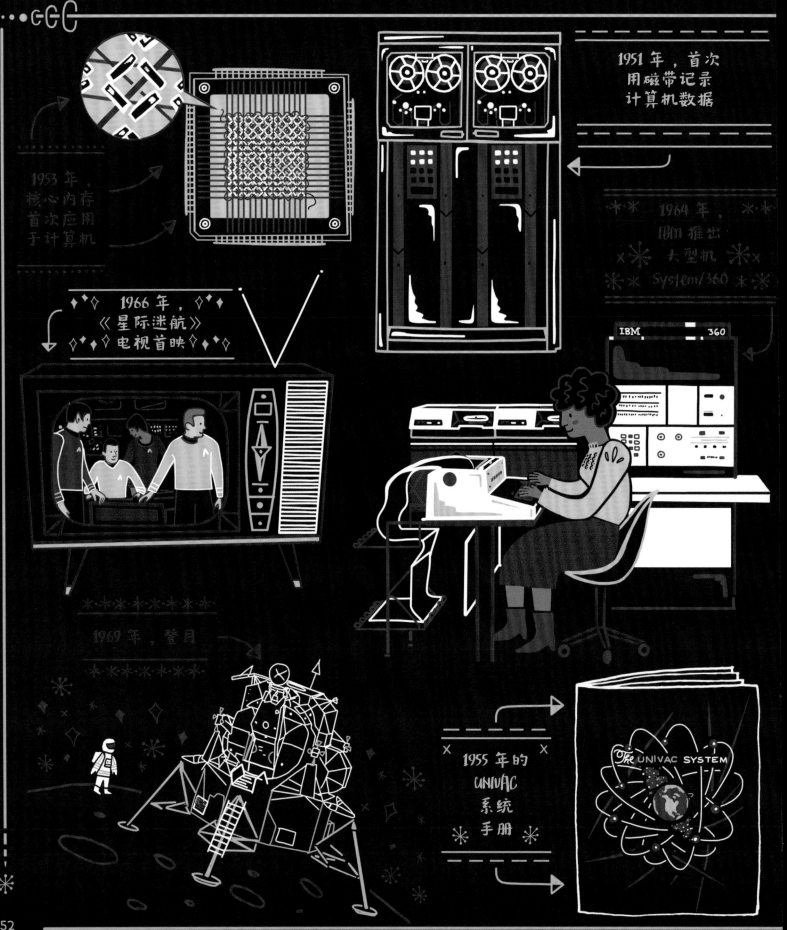

1951年，首次
用磁带记录
计算机数据

1953年，
核心内存
首次应用
于计算机

1964年，
IBM 推出
大型机
System/360

IBM   360

1966年，
《星际迷航》
电视首映

1969年，登月

1955 年的
UNIVAC
系统
手册

The UNIVAC SYSTEM

战后繁荣与太空竞赛

1950年—1969年

冷战与消费主义

二战结束后，美国和苏联成为世界两大超级大国。他们在意识形态和政治主张上的分歧是导致国际局势持续紧张的根源，两国都在世界各地争夺盟友和国际影响力——甚至在外太空也不例外。在此期间，两国开始储备核武器，并竞相将第一批卫星（还有最终一起上天的宇航员）发射到太空。虽然在此期间世界各地发生了其他常规战争，但核战争的威慑力是阻止这两个超级大国直接交战的一大因素。

对两国而言，冷战需要进一步研发计算机。到1950年，苏联制造出了他们的第一台可编程计算机——MESM（小规模电子计算机）。而美国在二战期间体会到科学研究的战略价值，因此继续资助计算机项目——不惜一切代价。

与其他受二战影响的国家不同，美国本土没有受到战火的直接摧残，经济状况依然完好无损，这使许多美国人在战后成为新生的中产阶级。计算机的制造是为了支撑繁荣发展的商业，商业的需求又反过来刺激了新的创新发明。但普通人无法接触到这些庞大的计算机，其高昂的价格更让人难以企及。即便如此，大众仍旧第一时间注意到了这些"会思考的机器"，以及如何利用它们来增加集体的"思考能力"。

时间轴

UNIVAC **1951年**

通用自动计算机（简称 UNIVAC）是第一台成功的商用计算机。

1952年

第一台编译器

格雷丝·霍珀研制出第一个编译器，名为 A-O。编译器使程序员能够用特定的英文单词而非二进制代码和计算机"对话沟通"。

之所以被称为"半自动"是因为人们担心不受人类控制的计算机可能会错误地引发核打击。

图形化仪表盘

光枪

1958年

SAGE 系统投入使用

为了防范假想中苏联的突然袭击，美国军方创建了半自动地面防空系统（简称 SAGE），一种用于监控美国境内和周边空域的计算机网络。

1958年

也被称为"计算机芯片"

第一个集成电路

集成电路（简称 IC）使计算机电路上的所有组件都可以蚀刻在单片的半导体材料上。使用 IC 技术可以在同等面积的芯片中放入更多更小的晶体管，从而使计算机更小也更强大。

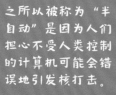

被认为是一种自我应验的技术预言

晶体管数量

年份

1965年

摩尔定律

随着技术的进步，晶体管变得越来越小。英特尔联合创始人戈登·摩尔预测，单个计算机芯片上的晶体管数量将呈指数级增长，也就是每两年翻一番。他的预测在随后的几十年中都是正确的，这为芯片制造商的年度目标提供了参考。

1968年

"所有演示之母"

斯坦福研究院的道格拉斯·恩格尔巴特做了一场名为"增强人类智力的研究中心"的演示，直接激发了后来的个人计算机革命。这是一场实时视频电话会议，展示了视窗界面、超文本、图形、导航和输入、电话会议、文字处理和计算机鼠标等新兴技术！

被称为"曼彻斯特机"。

1953年

几个月后，贝尔实验室为美国空军研制出全晶体管计算机，名为TRADIC。

第一台全晶体管计算机

来自曼彻斯特大学的团队展示了第一台仅使用晶体管的计算机样机。

由IBM开发，约翰·巴克斯领导

1957年 FORTRAN 语言问世

FORTRAN 语言被认为是最早被广泛使用的计算机高级语言之一。程序员不再需要用繁琐易错的二进制编程，而是使用英文速记和代数方程的组合来编程。

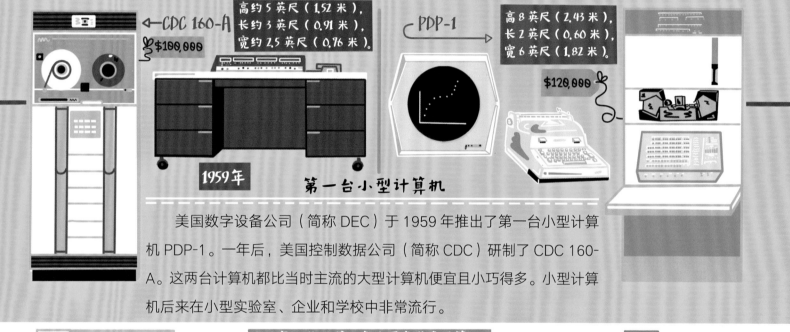

←CDC 160-A
$100,000

高约5英尺（1.52米），长约3英尺（0.91米），宽约2.5英尺（0.76米）。

PDP-1→
高8英尺（2.43米），长2英尺（0.60米），宽6英尺（1.82米）。
$120,000

1959年 第一台小型计算机

美国数字设备公司（简称DEC）于1959年推出了第一台小型计算机PDP-1。一年后，美国控制数据公司（简称CDC）研制了CDC 160-A。这两台计算机都比当时主流的大型计算机便宜且小巧得多。小型计算机后来在小型实验室、企业和学校中非常流行。

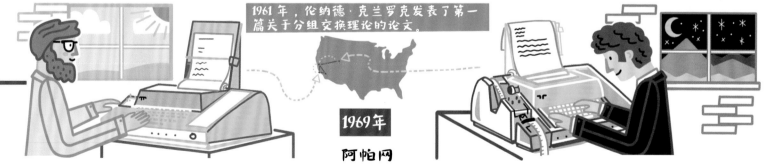

1961年，伦纳德·克兰罗克发表了第一篇关于分组交换理论的论文。

1969年 阿帕网

美国高级研究计划局网络（简称阿帕网）被认为是互联网的开端，它由四台计算机组成，三台位于加利福尼亚州，一台位于犹他州。计算机采用分组交换技术通过电话线来交换信息。大量信息堵塞了电话线，使其处于占线状态；分组交换技术将消息拆分成更小的数据"包"，每个小包在错综复杂的电话线迷宫中沿着最高效的路径传输过去，然后在到达时重新排序并还原成完整的原始信息。

历史故事

整个冷战期间，美军资助了历史上最昂贵的科技项目，目的是制造武器和防御系统，这也意味着工程师可以心无旁骛地推动计算机科学进入全新的领域，而不必担心盈利问题。例如"旋风"和 SAGE 这类昂贵的项目以及美国国家航空航天局（简称 NASA）的创立都是由冷战推动的。至今我们的生活仍旧受益于从这些项目里间接发展出的技术。

旋风和 SAGE

1945 年，美国海军与麻省理工学院签订合同，建造一个名为"旋风"的飞行模拟器。这项任务并不简单，因为他们必须发明新技术来实现飞行模拟器所需的速度、灵活性和实时交互。在建造"旋风"时，计算机科学家罗伯特·埃弗里特在杰伊·福里斯特的协助下研发了第一个计算机显示屏，可以使用示波器查看程序运行的结果。福里斯特进一步开发了磁芯存储器，这是一种早期可靠的 RAM，可用于空中交通管制等关键程序。"旋风"

20 世纪 50 年代到 60 年代，由 CDC 和 IBM 等公司建造出了计算速度快但价格昂贵的超级计算机。

使用打孔卡最多的程序来自 SAGE 项目。

该程序包含了 62 500 张打孔卡（约 5 兆数据量）。

SAGE 依旧是史上最大的计算机项目，在 1954 年耗资 100 亿美元。

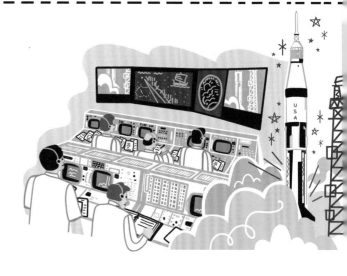

于 1951 年投入使用，每年的开发成本超过 100 万美元，但从未用作飞行模拟器。即便如此，"旋风"也证明了计算机可以用来实时显示地图和视觉跟踪物体。与早期的计算机不同，"旋风"不仅是机械数字运算器的数字化替代品，它激发了全新的想法，并表明计算机可以与现实世界的物体进行交互。从"旋风"项目收集到的技术后来用于历史上最大、最昂贵的计算机项目：SAGE。

面对潜在的来自苏联的核打击威胁，美国政府放眼于天空，通过遍布全国的计算机网络进行通信。从 1958 年到 1984 年，SAGE 监控美国境内和周边的空中交通并控制北美航空航天防御司令部（简称 NORAD），这是一个针对攻击而设立的早期预警系统。数据通过雷达塔、巡逻飞机和船只进行收集，然后在全国各地的指挥中心进行处理，这些中心的整个楼层都装满了大型计算机。操作员通过图形化仪表盘控制计算机，并直接在屏幕上使用光枪来选择目标。操作员观察并判断每个小光点的形状代表民用飞机、盟军飞机还是敌机。SAGE 庞大的计算机网络催生了图形界面和互联网的第一个版本——阿帕网的发展。

太空竞赛

1957 年，苏联向太空发射了第一颗人造卫星斯普特尼克一号。同年，他们把一只名叫莱卡的狗送上了太空。1961 年，他们的第一位宇航员尤里·加加林进入太空。对美国而言，苏联的太空计划是极大的威胁，为了太空竞赛，美国政府于 1958 年创建了 NASA。

在加加林太空飞行三周后，美国将他们的第一位宇航员艾伦·谢泼德送入太空，这个行动是水星计划的一部分。那年，约翰·肯尼迪总统宣布，十年内美国人一定会登陆月球。NASA 的阿波罗计划就是致力于实现该目标的项目之一。这是历史上最大规模的科学工作之一，为此 NASA 从工业界和学术界雇用了 40 多万人。

NASA 研发的最先进的技术之一是阿波罗制导计算机（简称 AGC）。在早期的太空任务比如水星计划中，宇航员需要使用控制杆来手动驾驶宇宙飞船。虽然宇航员可能很享受驾驶阿波罗宇宙飞船的过程，但往返月球的长距离和驾驶的复杂性意味着通过计算机来完成飞行几乎是唯一的选择。为了制造一台小到足以装入阿波罗指挥服务舱的计算机，NASA 采用了一些尖端技术，例如新发明的集成电路技术（见第 60 页）。NASA 在实践中积累了过去十年成功的太空飞行经验，以及失败的反思和大量解决问题的能力，并在 1969 年把阿波罗 11 号送到月球。宇航员尼尔·阿姆斯特朗和巴兹·奥尔德林在月球上行走，而迈克尔·柯林斯在轨道上驾驶指挥舱，欣赏到人类历史上最非凡的景象之一。

第一批计算机芯片用于航空航天系统。

1968 年，第一个头戴式显示器名为"达摩克利斯之剑"，能够显示计算机线框图。

大型计算机的电子元件都是连接到巨大的金属框架上的，因此大型计算机的英文单词 mainframe 直译过来就是"主框架"。

幕后英雄

纵观美国历史，非洲裔美国人在推动技术发展上做出了卓越贡献。但是，美国种族隔离和种族歧视带来的副作用使得他们的故事隐于历史的洪流。

以下几位都是为太空探索做出卓越贡献的非洲裔数学家和工程师：

她为水星计划计算出了发射时间窗口①，也为阿波罗 11 号任务计算出了发射轨道。

凯瑟琳·约翰逊（1918—2020）

① 指某个特定发射任务最合适的时间范围。

1958 年，她成为 NASA 第一位非洲裔女性工程师。

玛丽·杰克逊（1921—2005）

这三位女性一开始都是 NASA 的计算员。

欧内斯特·C. 史密斯（1932—2021）

他为阿波罗 16 号任务派出的月球探测仪开发了导航系统。

他是马歇尔太空飞行中心宇航电子学实验室的负责人。

安妮·伊斯利（1933—2011）

她为可替代动力系统以及"半人马座"上面级火箭开发计算机程序。

还有很多这样的英雄！

由于成本原因，多数情况下会通过打孔卡或者打孔纸带来实现编程。

哦不！

对程序员来说，要想让打孔卡整整齐齐是一件很伤脑筋的事——被一阵狂风吹乱的打孔卡意味着多日的心血付之东流。

1961 年，UNIVAC 出现在了《超人女友，露易丝·莱恩》漫画书的封面。

战后消费主义

政府资助计算机研究项目的同时，战后经济蓬勃发展，创造和销售新的商业机器的时机已经成熟。公司从政府资助的计算机研究中汲取灵感，获取技术，将其转变为大众商品。

UNIVAC

20 世纪 40 年代后期，许多计算机初创公司如雨后春笋般涌现，包括埃克特 - 莫奇利计算机公司（简称 EMCC）。EMCC 由约翰·普雷斯伯·埃克特和约翰·莫奇利创立，两人因战时计算机 ENIAC 的成功而广受赞誉。1946 年，埃克特和莫奇利说服美国人口调查局资助 UNIVAC 项目，从而帮助汇总和统计数据并更换过时的计算机器。他们创建计算机新系统的任务十分艰巨，可屋漏偏逢连阴雨，EMCC 项目资金不足，只有十几名工程师。他们在美国费城市中心一家男装店的阁楼里一起钻研 UNIVAC。炎炎夏日，

UNIVAC 出现在了电视直播中用于预测 1952 年美国总统大选结果。

哇！

这一事件让计算机成为大众文化的一个符号。

房间里闷热难耐，工程师们休息时常常用水浇头来解暑。尽管条件艰苦，这个团队仍旧把开发内存和存储系统的工作往前推进。虽然磁带已经用于录音，但早期的计算机客户并不信任这种"隐形"的磁带，因为它并不像先前的打孔纸上的孔那样看得见摸得着。

打字机公司雷明顿于 1950 年收购了 EMCC，最终，1951 年，UNIVAC 全面投入运营并被美国人口调查局使用，成为第一台商业上成功的计算机。

批处理 VS. 分时处理

程序只能逐个运行，一次一个。

20 世纪五六十年代，要想运行一个程序，人们需要将成堆的打孔卡提交给计算机操作员，然后等上好几个小时，甚至是好几天才能得到计算结果。

噢，糟糕！我的程序出错了，而它计算了两天才报错！

20 世纪 60 年代，MIT 研究员研发的软件可以支持多人使用同一台计算机。

天啊！太快了！

多台计算机的终端连接到了一台计算机上，在不同软件之间切换的时间只需要 0.1 秒。

从技术上而言，计算机运行得更慢了，但是人们能更快地得到结果（这并不矛盾）。

IBM 的 System/360

磁带

大型机的市场争夺战！

在 EMCC 大力开发 UNIVAC 时，IBM 专注于政府项目而忽视了计算机的商业市场。1951 年推出的 UNIVAC 开始取代 IBM 过时的办公制表机，这引起了 IBM 的恐慌，IBM 希望重新夺回市场份额。1959 年，IBM 推出了时尚浅蓝色的 1401 型计算机系统。它的"链式"打印机能以每分钟 600 行的惊人速度运行。

到 20 世纪 60 年代，市场上三分之一的计算机是由 IBM 制造的，但巨大成功的背后也暗藏隐患。IBM 有十多个不同的计算机系列和五条各异的产品线，任意两者之间都无法兼容，简直是一团糟！1959 年，IBM 启动了一个名为 System/360 的秘密项目，旨在兼容所有 IBM 的计算机。它于 1965 年交付，是一种单一计算机架构，可在所有 IBM 的 360 设备上共享兼容软件。企业不再局限于购买大量计算机，而是可以根据需要进行升级。这种"可扩展性"使企业纷纷购置他们的第一台计算机，而 IBM 360 的流行助推了全球计算机的普及。

电传打字机

电传打字机既能输入，又能输出。打字机通过电话线连接到计算机上，并用一台打印机充当显示设备。

从 20 世纪 50 年代到 70 年代早期，多数人通过电传打字机接触到计算机。

时代的影响

20 世纪 50 年代和 60 年代，有两股力量在推动计算机科学的发展：一是美国军方资助的大型研究项目；二是商业市场推动的计算机大规模生产和公众意识。计算机开始用于学校、实验室和企业，但对普通大众来说仍然遥不可及。由于其体积庞大且价格昂贵，只能由穿着白大褂①、训练有素的实验室专家进行处理。甚至计算机编程人员也不允许接触被锁在冷藏室中的大型机。尽管如此，计算机还是成为流行文化的一部分，这些有着一排排旋转的磁带和表盘的"电子大脑"催生出无数文学作品、电影和梦想能拥有个人计算机的新一代"电脑迷"。

① 早期计算机硬件不够可靠，穿白大褂是为了防止灰尘引起的静电损坏计算机。

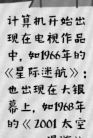

计算机开始出现在电视作品中，如1966年的《星际迷航》；也出现在大银幕上，如1968年的《2001太空漫游》。

IBM 及其规模较小的竞争者们被戏称为"白雪公主和七个小矮人"，"小矮人们"分别是：伯勒斯公司、霍尼韦尔公司、UNIVAC、NCR 公司、控制数据公司、RCA 公司以及通用电气公司。

重大发明

第一个集成电路，也称"计算机芯片" 1958 年

起初，晶体管用于各类设备中，从扩音收音机到电话，当然了，还有计算机。计算机电路的构建需要镊子和稳定的手工操作来连接晶体管和其他电子元件。当时的计算机体积庞大，运行较慢，这是因为电流必须在晶体管和独立组件之间传输。得想个更好的方法！

20 世纪 50 年代，几位科学家和工程小组针对这个问题展开了独立研究。在德州仪器公司工作期间，电气工程师杰克·基尔比意识到可以将整个电路焊接到"锗"这种单片半导体材料上。1958 年，基尔比成功地展示了他的集成电路 (IC)。与此同时，仙童半导体公司的联合创始人罗伯特·诺伊斯发明了另一种集成电路，于 1959 年完成。他的集成电路由硅片制成，没有外部导线，使用铜制连接器。基尔比和诺伊斯都被认为是集成电路的发明者。集成电路意味着更多的晶体管可以装进更小的空间。这项技术将计算机从房间大小的机器变成了口袋大小的设备。

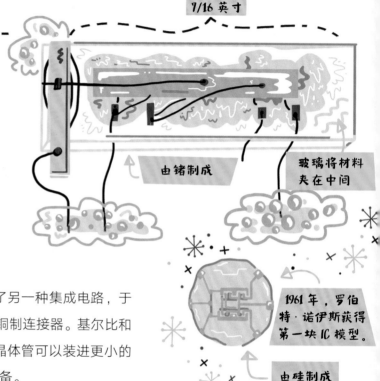

7/16 英寸

由锗制成

玻璃将材料夹在中间

1961 年，罗伯特·诺伊斯获得第一块 IC 模型。

由硅制成

《太空大战》电子游戏 1962 年

发射鱼雷！是时候玩太空大战了！PDP 系列的小型机比大型机更小，更便宜，因此在实验室和大学中颇受欢迎。受科幻小说的启发，铁路模型技术俱乐部的史蒂夫·拉塞尔和其他人设计了这款电子游戏，以展示 PDP-1 计算机的功能。

《太空大战》是最早的多人电子游戏之一。两艘宇宙飞船互相对抗和射击。PDP-1 对用户输入进行每秒超过 9 万次的计算，同时每艘飞船都根据牛顿运动定律进行移动和开火。《太空大战》于 1962 年在麻省理工学院首次亮相，并催生了第一代街机游戏。

人们可以在任意一台性能足够的机器上对《太空大战》进行编程，所以这款游戏出现在全美各大高校的计算机上。

《太空大战》使用的背景星图是经过天文学考证的。

游戏过程中，飞船的移动和鱼雷的发射都是根据物理学中的牛顿运动定律来设计的。

阿波罗制
导计算机

一块集成
电路板

显示器
和键盘
界面

阿波罗号
指令舱

阿波罗制导计算机　1966 年

阿波罗制导计算机（简称 AGC）的建造是为了将宇航员安全地送到月球。它根据宇航员在飞行中对地球、月球和恒星位置的测量结果计算出飞船的飞行轨迹，并与航天器的制导系统和许多推进器进行通信。NASA 需要制造一台小到可以装进阿波罗航天器内部的计算机，并且需要能够承受太空飞行时的振动、辐射和极端温度。

AGC 是最早使用全新 IC 技术的计算机之一，由软件工程师玛格丽特·汉密尔顿领导 350 人团队编写，团队中的人均来自麻省理工学院仪器实验室。AGC 使用了芯绳存储器，这些存储器是由工厂女工穿针引线得来的，被戏称为"小老太太存储器"。宇航员通过数字显示器和键盘与 AGC 进行通信。1968 年，AGC 成功地将搭乘阿波罗 8 号的宇航员送上月球，这是一项技术壮举。虽然 AGC 是当时最先进的计算机之一，但它的计算能力仅与 1985 年任天堂红白机的控制台大致相同。

名人堂

♦ 格雷丝·霍珀 1906—1992 ♦

美国海军上校霍珀被认为是"计算机程序之母"。

"在所有句子中最有害的一句便是：'我们从来都是这么做的。'"

"创新就是一切。当你站在科技最前沿时，你可以看到下一次科技浪潮是什么；当你落后时，你必须快马加鞭迎头赶上。"

罗伯特·诺伊斯 1927—1990 和 戈登·摩尔 1929—

诺伊斯是 IC 的创造者之一。

1957 年，与他人共同创办了仙童半导体公司，1968 年创办英特尔公司。

她在二战期间参军，是霍华德·艾肯的副指挥。她在给哈佛马克一号编程的工作中至关重要。

二战后的 1949 年，她作为资深的数学家被委派负责 UNIVAC 的编程任务，并带领团队研制出了第一个编译器（1952 年）并且开发出了 FLOW-MATIC 编程语言。

在 1959 年开发 COBOL 计算机语言的项目中，霍珀担任技术顾问一职。

·♦♦ 伊万·萨瑟兰 1938— ♦♦·

"连接到数字计算机的显示屏让我们有机会接触到在物理世界中无法实现的概念，它也是探索数学大千世界的万花筒。"

1963 年，他发明了绘板。这是第一个使用图形用户界面的程序之一。

盛田昭夫 (1921—1999) 和 井深大 (1908—1997)

日本索尼公司的联合创始人

20 世纪 50 年代，索尼是第一批将晶体管用于非军事用途的公司之一。

用户使用光笔在屏幕上写写画画，既能画出几何图形，也能编辑文本。这是现代 3D 绘画软件的先驱！

绘板影响了道格拉斯·恩格尔巴特的在线系统和许多未来的程序！

在计算机历史中，索尼是重要的参与者，为录音设备、电视、可视化显示器和其他设备建立了技术标准！

"处理世界上所有重大问题的关键点在于我们需要协作。如果我们无法在这方面做到智能，那我们就完蛋了。"

道格拉斯·恩格尔巴特　1925—2013

恩格尔巴特认识到计算机可以成为强大的协作工具。他从万尼瓦尔·布什的论文《诚如所思》中受到启发：如果大家都能够使用一种扩展脑力的工具，那么整个人类就可以向前飞跃一大步！毕业后，恩格尔巴特在斯坦福研究院参与计算领域最前沿的项目。在 NASA 和 ARPA（美国高级研究计划局）的资助下，他领导一个团队研究如何提高美国集体协作的智慧。就像阿波罗项目一样，这些规模庞大、资金充足的科学项目产生了广泛的影响，至今我们的生活仍旧受益于这个项目中的一些技术。

在"批处理"的时代，计算机用户需要等待数天才能从程序得到输出结果。为此恩格尔巴特开始设想能否实现图形环境中用户之间的实时协作。1968 年，恩格尔巴特的团队在记者面前公开了他们的项目，这次演示被称为"所有计算机演示之母"。团队使用电脑屏幕的巨大投影来展示在线系统（简称 NLS）。在这个窗口和图形的界面中，恩格尔巴特与一位远在千里之外的同事进行视频会议，并在一份文档上进行协作。他们都在系统中使用了光标设备，这是有史以来第一个"鼠标"。观众惊讶地意识到他们正在见证一场未来的预演。尽管 NLS 从未商业化，但许多参与设计的人继续为施乐帕洛阿尔托研究中心效力并开拓了原有的想法。NLS 旨在增强用户的工作效率，同时使人们得以共同努力解决人类最大的问题。在许多方面，如今我们仍在努力实现当时恩格尔巴特对人机交互和协作的愿景。

"计算机科学和软件工程还不足以成为正式课程（或是被命名的科目），但它们都是时代的先锋。"

玛格丽特·汉密尔顿　1936—

玛格丽特·汉密尔顿曾参与阿波罗登月任务。在 SAGE 工作后，汉密尔顿成为麻省理工学院林肯实验室软件工程部的负责人。当时的汉密尔顿仅 24 岁，她领导的团队后来为 AGC 编写软件。汉密尔顿首次使用了"软件工程师"这个称号，并将软件工程定义为一个研究领域。AGC 软件对于成功将宇航员送到月球至关重要。该团队还为 AGC 编程实现了实时检测错误并校正的功能。最终，此举成功挽救了宇航员的生命。在阿波罗 11 号执行任务时，在宇航员登陆月球三分钟前，月球着陆器的警报突然响起。闪烁的红灯和黄灯提示宇航员此时计算机已经超负荷，因为同时运行雷达系统和着陆系统需要太多的计算能力。汉密尔顿和她的团队已经预见了这种可能，并事先对软件进行编程，使计算机可以根据任务的重要性而非顺序来确定计算优先级。宇航员只需按下"开始"，计算机就开始了着陆程序，而后没有再出现其他问题。

汉密尔顿继续为"天空实验室"空间站开发软件，并于 1976 年与他人合作创办了 HOS 软件公司。她于 2003 年荣获 NASA 太空行动杰出奖，并于 2016 年荣获总统自由勋章。汉密尔顿被公认为软件工程的创立者。

英特尔
4004 微处理器
1971 年

"牵牛星 8800"
1974 年

"牵牛星 8800" 计算机

Wang 2200
小型机
1973 年

苹果二号 · 1977 年

施乐
阿尔托
1973 年

康懋达 PET 2001   1977 年

个人计算机

1970年—1979年

PC 革命

20世纪60年代末，许多人认为计算机具有自我意识且高度发达，就像1968年的电影《2001太空漫游》中的 HAL 9000 一样。实际上，普通人与计算机的联系仅仅是，税收机构依靠政府大楼中的大型计算机来远程处理公众的税收。20世纪60年代集成电路（简称 IC）技术的进步意味着计算机可以变得更小。许多大学、科学实验室和高端办公室都开始使用"迷你"计算机。这些"小型"设备的体积和大冰箱差不多，并且计算能力与大多数大型计算机相差无几。

小型机的体积启发很多年轻人，让他们开始设想建造一种更小的"微型"计算机。这些机器最初是为大企业和战争建造的，如果自己家里就能拥有这样一台机器，它们原始而神秘的力量会带来哪些变化？如果可以随心所欲地为自己的计算机编程，你会让计算机执行哪些严肃或者搞怪的任务？在整个20世纪60年代后期，这些可能性似乎遥不可及，但却让某些青少年跃跃欲试，畅想未来。这群年轻的"电脑迷"受到个人电脑这一全新理念的启发，后来逐渐成长为推动20世纪70年代技术革命的一代。

时间轴

被认为是第一个便携式操作系统。UNIX 变体后来用于苹果 MacOS 操作系统以及 iPhone 手机。

1971年

《UNIX 系统编程手册》发表

1969 年，程序员肯尼思·汤普森和丹尼斯·里奇在贝尔实验室工作时开发了 UNIX 操作系统。UNIX 广受工程师和科学家的欢迎，也是许多操作系统的基础。

1970年　　台式计算机

诸如 Datapoint 2200 的计算机首次亮相，其大小近乎一台大型打字机，但价格只有政府机构和大型企业才能负担得起。这些设备主要用于与大型机交互。

通过电话线和分时系统 SDS 940 相连

太棒了！唱片店里有计算机了！

Community Memory

1973年　　社区存储

加利福尼亚州伯克利的一群社区积极分子在湾区的咖啡店和唱片店设立了计算机终端。人们能够通过该系统收发消息，并将其用作虚拟会面的场所，令人十分激动。

被誉为"1977 三大将"

1977年

康懋达 PET 2001

苹果二号

TRS-80

个人计算机开始风靡

大公司进军个人计算机市场，面向没有技术背景的普通人。康懋达、苹果和坦迪公司先后推出了"开箱即用"的小型计算机产品！

1971年
英特尔 4004 微处理器

这是第一个在商业上获得成功的微处理器。现在，计算机的"大脑"可以完全包含在一块小型微芯片中。

1973年
第一台基于微处理器的计算机

法国人弗朗索瓦·热内勒设计了 Micral N，这是一台为天气监测站和控制水泵而设计的小型计算机。

1975年
《枪战》

把微处理器用于电子游戏？英特尔 8080 为 Midway 游戏开发商的街机游戏《枪战》提供计算服务。

1976年
电容笔

打字机没有删除按钮，但计算机有！计算机业余爱好者迈克尔·施赖尔为小型机创造了第一个文字处理器，称之为电容笔，让人们可以在计算机上写书。

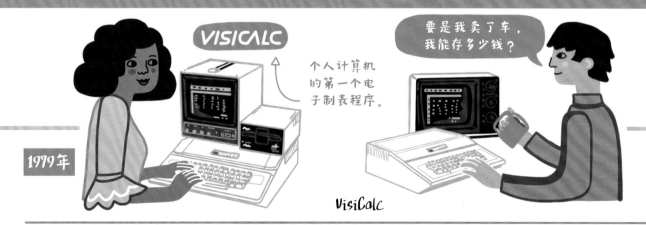

1979年

VisiCalc（全称 visible calculator，可视计算器），是苹果二号第一个电子制表软件，让个人计算机能够执行娱乐以外的正式工作。那些争先恐后地购买个人电脑的企业都是奔着其中的电子制表功能去的。

1975 年的犹他茶壶是著名的计算机图形模型，这也是第一个使用贝塞尔曲线的模型。

许多人认为"牵牛星8800"是以《星际迷航》中的一个星球命名的。牵牛星也是宇宙中真实存在的一颗星星。

杰里·劳森发明了第一个卡带电子游戏系统，仙童 Channel F（1967 年）。

历史故事

20 世纪 70 年代初，小型机在大学和实验室风靡一时。因为工作需要，大学生和数据录入专家（主要是女性）开始定期接触小型机，但他们的使用时间受到严格限制。这些小型机的出现振奋人心，鼓励许多人编写程序并思考计算机的新用途。一些富裕的高中甚至设立了计算机编程课程，这让后来的微软联合创始人比尔·盖茨和保罗·艾伦在青少年时期接触到计算机。但是售价数千美元的小型机仍然只为组织机构服务，而非个人或家庭。

家酿计算机俱乐部

俱乐部的口号是"给予是为了帮助他人"。

苹果公司联合创始人斯蒂芬·沃兹尼亚克和史蒂夫·乔布斯属于多产成员。

由戈登·弗伦奇和弗雷德·摩尔首创。

他们第一次会面是在弗伦奇家的车库，之后，他们在斯坦福大学医学院一间废弃的屋子里开会。

从"小型"到"微型"

微型计算机，或者叫"个人计算机"，与大型机分属不同的谱系。20 世纪 70 年代初，诸如 IBM 和惠普这类大型计算机公司，只要他们愿意，就能够轻而易举地为普通人打造一款小巧实惠的计算机。然而，这些市值数十亿美元的公司认为没有人会想要一台家用电脑！为了表示反对，一群奇人和学者聚集在加利福尼亚州门洛帕克附近，筹划制造第一批个人电脑。

这个自称为"家酿计算机俱乐部"的组织吸引了一批未来计算机界的先驱名人。这些人与来自政府项目或是 IBM 中身穿白大褂的严肃科研人员截然不同——他们有的是业余无线电爱好者，有的是黑客，也有的是嬉皮士中的"极客"。这群自由奔放的人想让计算机惠及大众，而不仅仅是大公司的专属。

李·费尔森斯坦是该组织的创始人之一，也是一位"计算机解放"狂热者，一直致力于"内存技术社区"。费尔森斯坦经常手持长棍主持俱乐部喧闹的会议，而俱乐部成员则兴奋地分享想法、零配件和设计。这个组织齐心协力想要创造出类似于小型机的东西。

李·费尔森斯坦

俱乐部的简报和每月例会为他们提供了交流想法的机会，推动了个人计算机革命。

酷！

砰！

"牵牛星 8800"

1975 年，计算机界的中心从加利福尼亚州的湾区转移到了新墨西哥州的阿尔伯克基。前美国空军电气工程师埃德·罗伯茨创建了 MITS，这是一家为火箭模型爱好者设计电子套件的公司。20 世纪六七十年代是 DIY 文化的顶峰。许多人根据杂志上的细节图来制造小工具和电子产品。高保真立体声音响、电视机甚至汽车都是在家里自制的！微型计算机正好适合这种 DIY 文化。罗伯茨用一些英特尔打折售卖的 8080 微处理器制造了一台微型计算机，"牵牛星 8800"。它既没有键盘，也没有显示器，只有一个切换键用于上下翻页来输入二进制数据。并靠灯光的闪烁显示程序结果。尽管这是一个粗糙、怪异的小盒子，但它却出现在了《大众电子》杂志的封面上，令"技术迷"们为之疯狂！

但没有易于使用的计算机语言，"牵牛星"就将举步维艰。哈佛大学的学生保罗·艾伦和比尔·盖茨意识到，如果他们能用一种通用的计算机语言（比如 BASIC 语言）让"牵牛星"成功运行，就极有可能让家用电脑也能运行软件。艾伦说服盖茨从哈佛退学并加入他的行列。他们一起开发英特尔 8080 模拟器，并编写了一个小到可以在"牵牛星"上运行的 BASIC 语言程序。1975 年 3 月，他们准备在 MITS 展示自己的软件。在前往新墨西哥州的途中，艾伦意识到他们忘记编写一个"引导启动程序"来告诉"牵牛星"运行 BASIC。于是他在飞机上奋笔疾书，在纸片上写下一个"引导加载程序"，希望它能顺利运行。会上，他们的软件完美运行，MITS 随后出资购买！同年，艾伦和盖茨共同创办了一家软件公司——"微软"，即微型计算机软件的缩写。借助牵牛星 BASIC 语言，人们现在能够在自己的计算机上实现最初为小型机和大型机编写的程序。真奇妙！

保罗·艾伦
比尔·盖茨
"牵牛星 8800"

第一个计算机蠕虫（病毒）是"爬行者"。

呃

1971 年，它感染了阿帕网中的计算机，这对计算机硬件无害，但是会干扰计算机的正常使用并显示"我是爬行者，能抓到我算我输！"

第一个电子街机游戏是 Computer Space（《电脑空间》）（1971 年）。

1978 年，德州仪器公司的 Speak & Spell 拼读玩具使用了线性预测编码技术来"发声"。

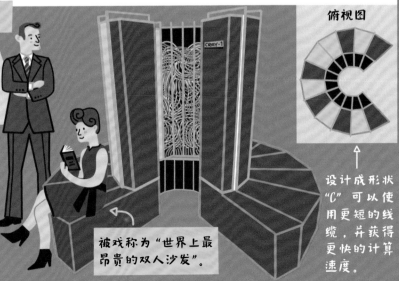

Cray-1 超级计算机

"重大科学"是许多高科技计算机项目的驱动力。1972 年，西摩·克雷创立克雷研究公司。1976 年，标志性的 Cray-1 安装在洛斯阿拉莫斯国家实验室。

价值 800 万美元的机器被用于模拟核武器的威力以及天气预报。其中许多程序至今仍是机密。

克雷研究公司成为超级计算机的龙头企业之一。

俯视图

CRAY-1

设计成形状"C"可以使用更短的线缆，并获得更快的计算速度。

被戏称为"世界上最昂贵的双人沙发"。

苹果公司最初的标志是艾萨克·牛顿爵士发现重力的场景。

《未来世界》

好莱坞电影《未来世界》(1976年)中第一次出现计算机的身影,该片使用了皮克斯动画工作室的创始人艾德文·卡特姆的手和脸的模型。

1975年,史蒂文·赛尚发明了早期的数码相机。

该设备用卡带记录照片。

作为家用电器的计算机与苹果公司

许多早期的家用电脑公司在 20 世纪 70 年代中后期发行了成套计算机组件。这些组件需要人们用焊枪进行数小时的精细操作才能将计算机组装起来。组装完之后,用户还要对其进行编程。这对大多数人来说不够方便也不够简单。

1975 年,计算机工程师斯蒂芬·沃兹尼亚克从家酿计算机俱乐部了解到早期的个人计算机。沃兹尼亚克对"牵牛星 8800"十分着迷,他随后设计了一款更简明的一体式计算机,称之为"Apple"(苹果)。苹果一号是一台集成在硅板上的完整计算机——无需组装!用户只需要连接键盘和电视。每次开机时,苹果一号都会从卡带中加载编程语言。比起"从头开始组装"的笨重组件,这是巨大的改革。沃兹尼亚克和史蒂夫·乔布斯于 1976 年共同创立了苹果公司。苹果一号的售价为 666.66 美元,首先在字节商店出售。

这台小型苹果计算机引起了风险投资家迈克·马尔库拉的注意。1977 年,在马尔库拉的引荐下,苹果公司获得了制造苹果二号的资金。苹果二号采用光滑的塑料外壳,并在 ROM 芯片上预装了 BASIC。这一次,计算机一开机就能用,和其他家用电器一样。苹果并非首家制造一体机家用电脑的公司,但苹果二号无疑是 20 世纪 70 年代技术最先进、最实用的家用电脑。

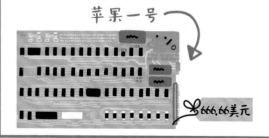

苹果一号

666.66美元

斯蒂芬·沃兹尼亚克   史蒂夫·乔布斯

1977 年的苹果标志

苹果二号

小机器成就大商机

到 1977 年,市面上已经有了几款相互竞争的个人计算机产品,比如康懋达 PET 2001、苹果二号和坦迪公司的 TRS-80。起初,个人电脑只能玩电子游戏,因此大多数人仍然认为这不过是昙花一现。一切在 1979 年发生了变化,那年苹果二号推出了第一款重量级应用程序 VisiCalc,这款软件令人难以拒绝,以至于人们购买计算机只是为了使用这个软件。VisiCalc 是一个电子制表程序,由丹尼尔·布里克林和鲍勃·弗兰克斯顿编写,允许用户将不同的值输入到表格中,并根据公式进行实时更改。原本在纸上要花费几个小时的事情瞬间就完成了!一夜之间,这个电子制表程序把个人计算机变成了一项正经的设备,金融公司争先恐后地为每张桌子配备计算机。这一风潮使得许多诸如苹果和康懋达的小型计算机公司迅速赢利。

施乐帕洛阿尔托研究中心与"未来办公室"

20世纪70年代，打印机公司施乐建立了帕洛阿尔托研究中心（简称PARC）。许多发明远超时代，直到20世纪80年代才惠及大众。

以下是施乐帕洛阿尔托研究中心的几项重要发明。

施乐帕洛阿尔托研究中心的雇员坐在懒人沙发上进行协作。

1973年，第一通电话通过摩托罗拉样机拨出。

激光打印 1971年

静电复印机感光鼓上的位图电子图像

阿尔托 1973年

施乐早期的个人计算机

桌面比拟的图形用户界面①

所见即所得 1974年

打印出来的文档效果和屏幕上看到的一模一样。

① 桌面比拟将计算机的显示器比拟成使用者的桌面，其上可以放置文件与文件夹。

以太网 1973年

同轴电缆连接计算机，也可以连接计算机工作站和打印机。

"乔尔，我是马蒂。我是用移动电话给你打的，一台真正的手持便携电话。"

摩托罗拉的马丁·库珀给贝尔实验室的竞争对手打电话。

1978年，日本游戏公司 Taito 发行标志性的街机游戏《太空侵略者》。

时代的影响

　　20世纪70年代末，个人计算机取代了拥有百年历史的打字机，成为办公常用的设备。市面上有许多相互竞争且互不兼容的个人计算机。这是最好的时代，也是最坏的时代，当时计算机界的翘楚们对计算机的研发极其狂热，但他们中的大部分人并没有接受过任何正式的商业培训，导致他们的竞争与发展极其混乱。幸运的是，20世纪80年代以前，惠普和IBM这样的大型公司并不重视个人计算机市场，这种商业空白使很多当时极具未来意识的想法得以蓬勃发展。

重大发明

微处理器发行　1971 年

今天，几乎在每个小装置中都有微处理器。而在过去，不同的设备（比如计算器或计时器）需要不同的计算机芯片，并且这些专用芯片只能完成一项特定的任务。1970 年，英特尔聘请费德里科·法金设计了一种可以针对不同设备重新编程的 IC 芯片，从而节省时间和金钱。法金在嶋正利的逻辑设计帮助下，设计了英特尔 4004 的架构。他们成功研制出一种可以代替先前不同芯片的功能的芯片——只需要对该芯片重新编程。

微处理器是通用的。操作草坪洒水器、控制弹球机或运行编程语言 BASIC——在微处理器眼里都是一样的！尽管最初人们并不打算把微处理器用于计算机，但发烧友还是破解了它们并用于制造第一台家用计算机。

英特尔 4004

第一批微处理器是为了计算器和钟表而开发的，用于日本 Busicom 公司的打印计算器。

软盘　1971 年

在软盘出现之前，程序员必须在打孔卡、巨大的磁带卷或数百英尺长的打孔纸上开发软件，而这些材料都不易管理。1971 年，IBM 为其文字处理机器发行了第一张磁性软盘，不过软盘在与苹果二号搭配后才真正获得成功。这些软盘的体积小到可以邮寄，并且可以安全地装入足够的数据，比如 VisiCalc 这样的程序，而后在新的个人计算机上可以顺利运行这些程序。这意味着软件可以运往世界各地，这样的话，程序员在家就可以创办公司。到 20 世纪 90 年代，软盘依旧是分销软件的廉价之举。

赞！我的新软件到了。

软盘很容易产生盗版。1992 年，软件出版商协会发布一则公益声明——一首说唱歌曲《别抄袭那个软盘！》。

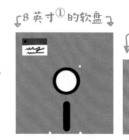

8 英寸①的软盘

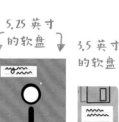

5.25 英寸的软盘

3.5 英寸的软盘

DON'T COPY that floppy

① 1 英寸 = 2.54 厘米

雷·汤姆林森为邮件协议选定了"@"这个符号。

阿帕网

许多连接阿帕网的人仍在使用电传打字机。

联网电子邮件　1971 年

在联网电子邮件出现之前，人们可以在他们的分时系统中收发消息，但这些程序仅限于单台计算机，用户只能与同系统上的其他人共享消息（通常要处在同一层办公楼才行）。1971 年，工程师雷·汤姆林森创建了一个名为 CPYNET 的程序并用它在多台互连的计算机上传输文件。他很快意识到他也可以发送消息。这成为早期互联网上的第一个应用程序，当时被称为阿帕网。两年后，阿帕网上超过 50% 的流量是电子邮件！

呃，垃圾邮件！

第一封电子垃圾邮件发送于 1978 年，是给一个演示计算机新方向的活动打的广告。这封邮件发给了 100 多位阿帕网用户并惹恼了大部分人。

名人堂

就职于施乐帕洛阿尔托研究中心，帮助描绘了 PC 的发展蓝图。

"预测未来的最好办法就是创造未来。"

他的成就直接影响了未来平板设备的设计。

MICRO SOFT

他和比尔·盖茨共同创办微软。

凯关注气候变化，就职于艾伦·麦克阿瑟基金会。

1975 年为"牵牛星 8800"编写 BASIC。

"语言逐渐演变，想法彼此交融。在计算机科学领域，我们所有人都是站在别人的肩膀上。"

艾伦·凯　1940—

凯提出了 Dynabook 的概念，这是一种轻便的、用于教授孩童的计算机。

他是一位技艺超群的吉他手、游艇船长、博物馆馆长，也是一支 NFL 球队和一支 NBA 球队的老板！

保罗·艾伦　1953—2018

20 世纪 80 年代，达成在每台 IBM 的 PC 上都安装微软软件的协议之后，艾伦离开了计算机界，转而去追寻自己的诗和远方。

王安　1920—1990

"成功与其说是天资带来的，不如说是一以贯之的常识达成的。"

他发明了磁芯存储器，用于 20 世纪 60 年代的大型机中。

李·费尔森斯坦　1945—

他帮助开发社区存储项目，也是家酿计算机俱乐部的核心成员。

"工欲善其事，必先利其器。"

设计六音孔哨笛调制解调器并且帮助设计了一台早期微型计算机 Sol-20（1976 年）。

出生于上海，在 1945 年移民美国，获得哈佛大学物理和工程学博士学位。

于 1951 年创办王安实验室。20 世纪 70 年代和 80 年代一些最成功的文字处理器、计算器以及办公用计算机就出自该实验室。

费德里科·法金
●●● 1941— ●●●

生于意大利，于 1968 年移居美国，供职于仙童半导体公司。两年后，他为英特尔研制出第一个微处理器。

1974 年，他是齐格洛股份有限公司的创始人之一，研制出 Z80 微处理器[2]。

他也是新思科技股份有限公司的创始人之一，该公司于 1986 年开发出了现代触摸板。

与亚当·奥斯本共同创立了奥斯本计算机公司，设计了奥斯本一号（1981 年）。这台机器被认为是第一台便携式计算机——重量只有 24.5 磅[1]！

[1] 约等于 11.113 千克。

[2] 史上最成功的 8 位微处理器之一，8 位是指该计算机一次最多能处理 8 个比特的数据，即 1 个字节

"在任何标准下，（英特尔 4004）都是一台非常原始的计算机，但它预示了一种可能，即每个人都可以拥有属于自己的个人计算机，无须与他人共享。"

加里·基尔代尔　1942—1994

1971 年，英特尔设计出了第一款微处理器 4004，当时科技界认为它只能用于计算器或工业机器中。加利福尼亚州蒙特雷的一位年轻数学教授加里·基尔代尔在英特尔兼职时接触到这款微处理器，他意识到如果能使用高级计算机语言而非二进制机器语言来对这些微小的复杂芯片进行编程，它们将具有惊人的潜力。

基尔代尔小时候总听他的职业水手父亲说，想要制造一种名为"曲柄"的机械装置，这种装置可以计算出一艘船在茫茫大海中的具体位置，就像一台小型计算机一样。当基尔代尔对英特尔 4004 入迷时，他想起了父亲常说的"曲柄"，这激发了他升级微型处理器计算能力的想法。他夜以继日地翻译一种英特尔 4004 可以理解的计算机语言，那段时间他甚至直接睡在英特尔办公室外的面包车里。他的朋友后来说，他这样做主要是为了好玩，因为要让为大型机而设计的计算机语言适用于为数字手表而设计的微芯片简直是天方夜谭。

1973 年，基尔代尔成功完成了 PL/M（微型计算机编程语言），这是第一种在 8 位英特尔微处理器 8008 上运行的高级语言。随后他开发了操作系统 CP/M（微型计算机控制程序），并和妻子多萝西创立了数字研究公司。他围绕微处理器构建了计算机系统，这个奠基性工作为所有未来的计算机所采用。

"当时只有大公司买得起计算机，这意味着他们能够做到小公司和普通人无法做到的事情。我们就是出来改变这一切的！"

斯蒂芬·沃兹尼亚克　1950—

斯蒂芬·"沃兹"·沃兹尼亚克，是苹果公司的创始人之一，起初他只是为了好玩而制造计算机！他通过恶作剧开启了自己的科技生涯。他用无线电的零件制造了一个电视干扰器来捉弄老师。20 世纪 60 年代，十几岁的沃兹尼亚克开始琢磨如何用最少的零件制造计算机，并在纸上勾勒出他的设计草图，梦想着有一天他能买得起这些零件。大学毕业后，沃兹尼亚克来到惠普工作，负责设计计算器，并结识了另一位爱恶作剧的电子设备爱好者史蒂夫·乔布斯。

1971 年，两人开始了第一个业务——销售"蓝盒子"，这是一种小型的电话入侵设备，可以让用户免费拨打长途电话。这些"盒子"并不完全合法，但十分有趣！沃兹尼亚克和乔布斯甚至在用"蓝盒子"呼叫梵蒂冈并试图对教皇搞恶作剧。1975 年，沃兹尼亚克将设计好的苹果一号计算机设计图发送了给惠普，但对方并不感兴趣。1976 年他和乔布斯创立了苹果公司。

沃兹尼亚克热爱街机游戏，并在 1975 年为雅达利的热门游戏《打砖块》设计了电路板。当他在 1977 年制造苹果二号时，专门为这款游戏设计了许多开创性的硬件功能，包括用于呈现彩色图形和声音的电路系统以及游戏桨。沃兹尼亚克继续在苹果公司工作直到 80 年代中期。自那以后，他开始醉心于各种电子学项目，或者去小学教书，或者为教育和新技术代言。

作为创意工具的计算机

1980年—1989年

图形用户界面成为主流

20 世纪 70 年代，个人计算机革命使普通人有可能买得起一台价格不算昂贵、体积合适的个人家用计算机。但计算机仍是一种对使用者要求苛刻的高科技设备。用户做任何事情都必须输入复杂的命令。在所有人都有能力使用计算机之前，有另一个变化悄然而至：GUI（图形用户界面）的出现。

GUI 将计算机晦涩难懂又晦暗无光的屏幕变成了一个易于理解、带有可识别图标的"桌面"。移动鼠标并单击可见图标的操作方式，让任何人都可以使用计算机。20 世纪 80 年代，GUI 的视觉设计进一步发展，并开始商业化，越来越多的人开始购买计算机：西装革履的上班族们可以用一台 IBM PC 将工作带回家；平面设计师们被麦金塔苹果电脑的时尚设计迷得神魂颠倒；囊中羞涩的年轻人们可以买到色彩缤纷、价格合适的康懋达 64。20 世纪 80 年代新技术飞速发展，甚至连航天飞机上都用上了笔记本电脑。

个人计算机的繁荣将这些机器进一步变成了创意工具。人们可以借助专用软件创造出新的音乐、电影和艺术作品。令人惊奇的是，就在几十年前，计算机还是一种专门处理数字和计算导弹轨迹的机器——而现在它们正为艺术家们服务！在 20 世纪 80 年代，计算机发展成熟，成为创意性职业者的必备工具。

时间轴

1981年
IBM 第一台 PC

IBM 个人计算机 5150

亡羊补牢，为时不晚！IBM 终于领悟了 PC 的价值。

1981年
商用计算机上的 GUI

施乐发布的"施乐之星"是第一台带有 GUI 的商用计算机。

1984年
3D 打印

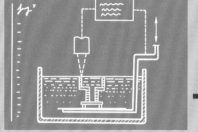

所有的 3D 打印根据某一物体的数码"蓝图"，用薄薄的打印材料一层层堆叠而成。

查尔斯·"查克"·赫尔发明了 3D 打印机，该打印机使用在 UV（紫外线）光下硬化的聚合物来打印物品。通过计算机控制紫外线激光器的位置，可以构建一个三维立体形状，一次打印一层，逐层打印。

1984年
只读光盘

激光磁盘（1978年问世）、光盘、只读光盘都用极小的凹陷来记录数据，然后通过光敏元件读取存储的数据。

1982 年推出的光盘（CD）用于保存数字音频。只读光盘可以存储各种数据（比如软件、电子游戏和电子书籍）并低成本发行。

《锡铁小兵》

1986年
皮克斯

皮克斯凭借短片《锡铁小兵》在 1989 年获得了第一个奥斯卡奖。

皮克斯动画工作室以计算机动画电影闻名于世，它是在史蒂夫·乔布斯从卢卡斯影业收购特效图像组时成立的。

Famicom 模拟器

1983年

NES 模拟器发行于 1985 年

任天堂 8 位游戏手柄

1983 年，日本任天堂发布了一款名为"家庭计算机"（Family Computer，俗称 Famicom）的家庭娱乐系统。两年后，它经过改造并在美国以任天堂娱乐系统（简称 NES）的名称发行。NES 彻底振兴了美国的电子游戏产业。

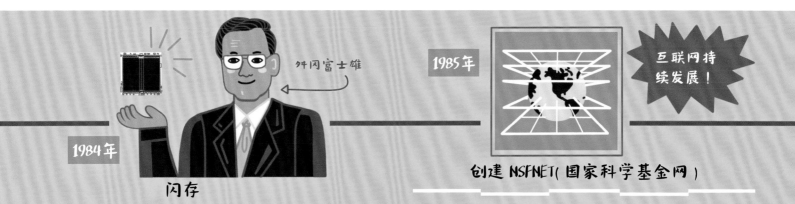

舛冈富士雄

1984年

闪存

在东芝工作期间，日本计算机科学家舛冈富士雄发明了闪存。1984 年，他在国际电子器件会议上发布了一篇存储器设计相关的论文。闪存是一种非易失性[1]存储芯片，可以多次擦除和重新编程。

1985年

互联网持续发展！

创建 NSFNET(国家科学基金网)

美国国家科学基金会联合美国大学的五个超级计算机中心创建了美国国家科学基金会网络（简称 NSFNET）。部分阿帕网和较小的大学网络很快加入 NSFNET，最终成为互联网的主干结构。

杰夫·霍金斯

1989年

通过触笔和触感屏幕做交互

第一台成功的平板计算机

① 指断电后数据仍旧保存在闪存中。作为对比，内存断电后数据将全部丢失。

GRiDPad 1900 由 GRiD 系统公司发布，价格昂贵、重量不轻（4.5 磅），主要由美国军方使用。它的主要架构师和设计师是杰夫·霍金斯，他后来还创造了 PalmPilot。

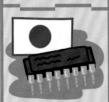

20世纪80年代，日本企业是半导体产业的佼佼者。

1981年，IBM PC同步发行《微软冒险》游戏，这是早期的奇幻角色扮演游戏，让IBM的销售人员非常迷惑。

到20世纪90年代，市面上已经有多家小型的个人计算机公司，但是只有少数几家取得了真正意义上的成功。这些新兴公司曾试图说服其他企业购买他们有缺陷且不兼容的计算机，均以失败告终。大多数企业都在等待IBM进军个人计算机市场，他们谨慎地认为，如果要在新科技上要花数千美元，那么找一家可靠且熟悉的公司才能更安全。

微软和PC克隆机

实际上，IBM被PC革命打得措手不及，并远远落后于市场，因此他们不得不在既有的开发计划之外成立一个团队来研制个人计算机。与此同时，微软已经成功地发布了适用于所有主要家用电脑的BASIC编程语言。IBM找到微软，希望后者为自己开发的PC编写一种磁盘操作系统（简称DOS）。经过一番努力，微软成功开发出PC DOS系统，并将其授权给IBM——同时保留将其出售给IBM竞争对手的权利！

工程师唐·埃斯特利奇带着比尔·盖茨和微软投入的资源领导了IBM PC团队。十二名计算机工程师飞往佛罗里达州的博卡拉顿去制造计算机，以摆脱IBM的官僚作风。出人意料的是，IBM开发了一种带有开放式可扩展系统的PC，允许任何人设计新的组件和外围设备。它满是扩展槽，就像早期的"牵牛星"或苹果二号一样。它不同于IBM以往制造的任何产品。可以说专业严谨的IBM研制的这款计算机，是直接受到家酿计算机俱乐部的业余爱好者的影响！

IBM PC于1981年发布，很快取代了苹果二号。但是为了节省时间，IBM没有发展自己的核心技术，而是使用现成的部件和软件。这意味着其他制造商可以组装出IBM的"克隆机"，然后从微软购买MS-DOS系统使用许可证，从而以更便宜的价格销售类似的机器。这些廉价的机器更受市场欢迎。短短几年，IBM就被康柏和戴尔等廉价克隆品牌挤出了市场。现在我们都知道PC代表"个人计算机"，但这个简称一开始仅指这些克隆产品。无论PC制造商是谁，英特尔的微处理器和微软的操作系统是一台PC的标配。几十年来，这个软硬件组合一直是个人计算机的主流。

恶龙？

要看看我们的PC吗？

哇！

康柏

戴尔

PC 大减价

被克隆机反客为主！

20 世纪 80 年代的网络

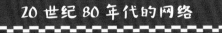

到 20 世纪 80 年代末，美国连入互联网的主机已经超过了 16 万台。此时的互联网并非商用，而是由美国政府管理运行。

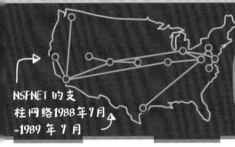

NSFNET 的支柱网络1988年7月-1989 年 7 月

与此同时，小型、商用、封闭的自用网络都在持续发展，例如 CompuServe 信息系统以及法国的 Minitel。

电子布告栏系统（简称 BBS）是由科技爱好者创建的区域性小型网络，这些爱好者会登陆彼此的计算机进行闲聊或者买卖软件。

赛博空间（又名网络空间）一词因赛博朋克科幻作家威廉·吉布森而普及。

GUI 的起源

提到"酷炫的计算机"，人们就会想到苹果公司于 1984 年发行的麦金塔计算机。由于其流畅易懂的 GUI，它的设计和功能都极具代表性。实际上，麦金塔的多种功能早在几年前就由施乐公司的帕洛阿尔托研究中心（PARC）率先推出，这是一家位于加州帕洛阿尔托的复印机制造商，这个实验小组雇用了一些计算机工程领域最聪明的人。整个 20 世纪 70 年代，PARC 的研究员发明了多种重要技术，如激光打印、桌面 GUI、以太网网络……

1973 年，PARC 制造了一台高级的小型机，名为阿尔托。这台计算机配有鼠标，以及可以在窗口中点击的计算机文件，就像道格拉斯·恩格尔巴特在 1968 年演示的 NLS 一样。阿尔托的 GUI 使用类似街机游戏的位图图形，而不是原始文本，这让用户只需用鼠标单击图标即可操纵电脑，而无须输入指令。

阿尔托屏幕上的图标与现实世界中的物品类似，即拟物化设计，比如电子邮件的图标看起来像一个信封，显示时间的图标看起来像一个时钟，等等。这是一个空前的突破，让完全不熟悉计算机的人能够轻松上手。由此阿尔托在硅谷

桌面比拟

拟物化的 GUI 使用的图标能够代表现实世界的桌面。

便签纸

回收站

剪切板

苹果"丽萨"计算机上的 GUI（1983 年）

能量手套是早期使用手势来操控电子游戏的装置，发行于 1989 年，效果不尽如人意。

声名鹊起。史蒂夫·乔布斯和苹果公司的工程师们于 1979 年拜访了施乐，并对图形窗口印象深刻。20 世纪 80 年代，许多 PARC 员工最终跳槽去了苹果。施乐和苹果之间的思想交流有助于进一步开发面向消费市场的 GUI。

健康追踪平台"Healthkit"于 1984 年发布"小英雄"（RT-1）家庭机器人组件。这台机器被设定成通过声波定位技术和声音识别技术"陪在人类四周"。

第一台 Mac

20 世纪 80 年代中期，微处理器已经强大到足以支撑 GUI。1983 年，苹果发布了"丽萨"计算机，这是早期带有 GUI 的商品化计算机之一。虽然"丽萨"引人注目，但是它的价格和一辆新车一样昂贵，无法在由 IBM PC 主导的低价市场中占有一席之地。但这并没有吓退乔布斯——他致力于将未来技术推向市场，以此来击败 IBM。他把所有的精力都投入到苹果的下一台计算机麦金塔上。

麦金塔（Mac）的设计初衷是让小型企业能够负担得起计算机的价格。它采用鼠标和直观、有趣的桌面 GUI。其特色是可以在高分辨率、灰度 9 英寸的屏幕上用各种字体显示文本。和原先只能在黑屏上显示绿色或琥珀色文本的 PC 世界相比，这极具开创性！Mac 是围绕"所见即所得"(WYSIWYG) 系统构建的，该系统首先由施乐开发，也就是打印在纸上的内容与屏幕上显示的内容一模一样。这个技术虽然现在看来很简单，但在 20 世纪 80 年代，直接从计算机中打印出来的东西经常是乱七八糟的。虽然 1984 年发行的 Mac 拥有各式各样的新功能，但仍旧销量惨淡。乔布斯试图用 Mac 取代利润丰厚的苹果二号，这种策略导致苹果公司在 1985 年第一次出现亏损。

所幸，几项技术的出现拯救了 Mac，并将它变成了桌面出版工具。1985 年，苹果发布了 LaserWriter，这是最早的桌面激光打印机之一，以及 AppleTalk，一种用于 LAN（局域网）的协议和硬件。企业可以通过将多台 Mac 连接到激光打印机来取代昂贵的制图和出版设备。桌面出版界自此欣欣向荣，并大大降低了平面设计和印刷媒体的门槛。起初人们认为 Mac 是一款小众的、"附庸风雅"的机器，但它证明了计算机可以成为创意工作者必不可少的工具。后来 Mac 系列计算机发展成为艺术家的行业标配。

1984 年，超级碗电视广告介绍称苹果的麦金塔是基于乔治·奥威尔的反乌托邦小说《1984》。

1985 年，史蒂芬·乔布斯创立了计算机公司 NeXT。

第一台 NeXT 计算机发行于 1988 年。

麦金塔

麦金塔的 9 英寸屏幕

$2,495

Shoe Paint

拟物化图标

通过单击、拖拽、松手就能保存、移动或者删除文件！

CLICK!

有一个 16 位的摩托罗拉 68000 微处理器

附带软盘上的 MacWrite 和 MacPaint！

第一台麦金塔计算机只有 128KB 的 RAM。同年，它进行了升级，能够同时运行 4 个大型程序！这就是 Mac 512k，被戏称为"胖麦金"（Fat Mac）。

CGI 与电影

计算机动画是出于显示信息的需要而开发的。在 20 世纪 60 年代初期的贝尔实验室，艺术家们会煞费苦心地拍摄示波器绘图的每一帧以创建矢量动画。多年后，动画师已经可以使用原始线框计算机辅助设计（简称 CAD）程序为卢卡斯影业的《星球大战》（1977 年）和迪斯尼的《黑洞》（1979 年）等电影制作动画。

现代 CGI（计算机生成图像）电影始于皮克斯动画工作室。1986 年，卢卡斯影业将其小型计算机图形部门出售给乔布斯，乔布斯随后协同埃德温·卡特穆尔和阿尔维·雷·史密斯共同组建皮克斯。卡特穆尔和史密斯曾就职于卢卡斯影业，并为商业片制作了第一批彩色 CGI 序列。20 世纪 90 年代，史密斯在供职于施乐帕洛阿尔托研究中心时，参加了 SuperPaint 超画项目，

《锡铁小兵》（1988 年）

皮克斯"小台灯"的线框测试（1986 年）。

这是第一个计算机绘画程序。

带着乔布斯的愿景——将计算机用作艺术工具，皮克斯蓬勃发展并改进了许多对 CGI 至关重要的技术，例如描影、布光和粒子模拟。到 1989 年，CGI 图形可用于创建逼真的场景。皮克斯开发了行业标杆 RenderMan 软件并用于 1988 年奥斯卡获奖短片《锡铁小兵》中。1995 年，皮克斯创作出了第一部 CGI 长片《玩具总动员》。

时代的影响

到 20 世纪 80 年代末，个人计算机不再是一个深奥到只有专家才会操作的数字处理装置。实惠的价格、直观的 GUI 和新型的软件降低了计算机的使用门槛。如今，学校和写字楼都有能力购买多台计算机。人们使用电脑在家办公、玩游戏甚至创作音乐，这些已不足为奇。启动计算机也不再让人头疼。

看看我的杂志！

节拍不错！

太有意思了！

微软于 1983 年推出 Word 文字处理软件，一开始被称为多功能 Word。

到 1989 年，它成为文字处理的全球标准。

Cray 超级计算机用于生成电影《电子世界争霸战》（1982 年）中的图像。

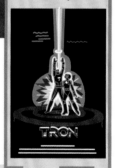

1989 年，任天堂发行 Game Boy，这是一款非常有名的手持式电子游戏机。

重大发明

为大众设计的计算机——
康懋达 64　1982 年

　　小型机也能行！康懋达 64（C64）是 20 世纪最畅销的计算机型号，在停产前的 12 年间至少销售了1200 万台。C64 装有彩色图像和（在当时看来）巨大的 64KB 的内存容量，而它的价格只有竞争对手的一半，在 20 世纪 80 年代早期算得上价廉物美。这多亏了康懋达的创始人杰克·特拉米尔对降低成本的不懈追求。C64 作为一个电子游戏平台在玩具店广泛销售，给了许多人（尤其是孩子们）第一次编程体验。

如今仍有业余爱好者在使用 C64 ！

Commodore 64

数千款游戏与 C64 适配。

第一台笔记本电脑　1982 年

　　GRiD（图形检索信息显示）"指南针"不是第一台便携式电脑，但它的专利"翻盖"设计使它成为第一台真正的笔记本电脑！它的一些其他功能仍旧能在现代笔记本电脑上找到。由于其镁金属外壳非常坚固，因此"指南针"在 1983 年被美国宇航局的哥伦比亚号航天飞机带入太空使用。这款笔记本电脑是 NASA 为航天飞机购买的第一个非自行制造的设备。

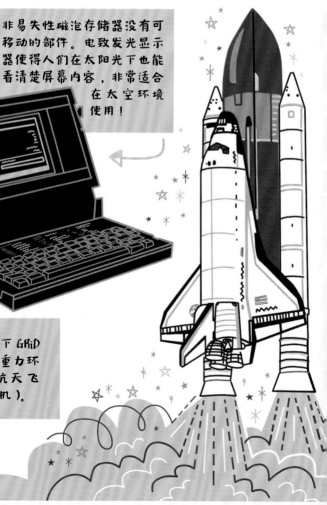

非易失性磁泡存储器没有可移动的部件。电致发光显示器使得人们在太阳光下也能看清楚屏幕内容，非常适合在太空环境中使用！

NASA 稍微调整了一下 GRiD 的指南针以适应零重力环境，简称 SPOC（航天飞机便携式机载计算机）。

MIDI（乐器数字接口） 1983 年

迪斯科（Disco）和合成音乐在 20 世纪 70 年代风靡一时。不过组合不同合成器和鼓机的声音的过程枯燥乏味。为了应对来势汹汹的新乐器和小发明，乐器数字接口（简称 MIDI）在 1983 年应运而生。这意味着各个音乐设备彼此可以协调播放，就像是有一支机器人乐队在演奏相同的乐谱。家用计算机立即变成电子乐器创作和处理音乐的首选。像 Mac 这样的计算机几乎完美适配这些早期基于 GUI 的音乐轨道编辑器。

现代的数字音频工作站（简称 DAW）与早期的

MIDI 编辑器密切相关。1977 年，托马斯·斯托克汉姆的美国蜘蛛精录音公司（Soundstream）推出了类似于 DAW 的设备，该设备能够使用 PDP-11 小型计算机来录制和编辑音频。到 20 世纪 80 年代后期，雅达利 ST 或 Mac 等计算机只要连接其他外围设备就可以录制和混合录音室品质的音乐。这些机器后来取代了满是模拟磁带设备的房间。如今，任何人都可以将他们的卧室或地下室变成录音室！

名人堂

两人凭借在3D计算机图形学方面的成就获得了图灵奖。

梯郁太郎 1930—2017

他出生于日本大阪。

16岁那年，他开了一家收音机维修店。后来他的业务拓展到了电风琴领域。

"音乐可以追溯到牧羊人的牧笛，如今这和太空时代一样新潮。"

1972年，他创办了 Roland 公司，所发行的罗兰 TR-808（1980年）是有史以来最常用的鼓机。

在工程师大卫·史密斯的帮助下，他提倡数字乐器应符合 MIDI 标准。

卡特姆是皮克斯的创始人之一，而汉拉汗是公司的第一批雇员。

"要想成为一家名副其实的创造性公司，必须尝试可能失败的事。"

艾德文·卡特姆 1945—

执掌皮克斯30年

帕特里克·汉拉汗 1954—

RenderMan 软件项目的主要架构师。

◆◆◆ 杰克·◆◆◆ ◆◆ 特拉米尔 ◆◆ ◆ 1928—2012 ◆

特拉米尔在二战时德国纳粹的大屠杀中幸免于难，后移民美国，成为美国陆军的一员，负责维修打字机。

"我们要为大众制造计算机，而不只是某个阶层。"

1955年，他创立了康懋达。

从1984年到1996年，他是雅达利的运营者。

苏珊·凯尔 1954—

图形设计师，为麦金塔计算机设计了图标。

"优秀的设计不在于使用的工具和媒介，而在于事前的缜密思考并付诸行动。"

她为多家科技公司设计过图样，包括 NEXT、微软、IBM、Facebook 以及 Pinterest。

"游戏不再是只能从盒子里获得的有限体验，而是成长发展为如今随处可见的东西。可联网可互动的内容遍地开花。"

宫本茂　1952—

"对我来说，计算机就是我们开发出的最非凡的工具，相当于我们大脑使用的自行车。"

史蒂夫·乔布斯　1955—2011

如果你玩过流行的电子游戏，比如《超级马里奥兄弟》或《塞尔达传说》，就能领略到游戏设计师宫本茂的艺术。他的作品灵感来自于小时候在日本农村的野外冒险经历儿时的他有很多兴趣，包括演奏乐器、演木偶戏、绘画和制作漫画书。1977 年，他开始任职于任天堂。1981 年的街机游戏《大金刚》是他的第一次成功，这是第一款在屏幕上播放叙事性故事的电子游戏，就像卡通片一样！

1983 年任天堂娱乐系统问世，它的计算能力与当时的任何一款家用电脑一样强大。这次宫本能大显身手来重新创造他儿时的冒险幻想了。1985 年，他创造了《超级马里奥兄弟》，这款标志性的游戏让玩家在横向卷轴般的世界穿越，也让电子游戏超越了自《双人网球》（1958 年）以来一直占据主导地位的静态竞技场式的游戏设计。宫本茂在《塞尔达传说》系列中详述了他的想法，该系列于 1986 年首次亮相，玩家可以在这个大型开放的世界中按照自己的节奏进行探索。

宫本茂的作品对所有电子游戏设计师都产生了深远的影响。从那以后，他创造的游戏世界激发了一代游戏设计师、作家、用户界面开发人员和艺术家的创作灵感。

史蒂夫·乔布斯无疑是他这一代人中最成功的推销员，也是计算机历史上的标志性人物。乔布斯最大的优势是联合了很多才华横溢的设计师、工程师和艺术家，并为他们营造了一个可以创新和创造的环境。

乔布斯深受极简主义设计影响，并将这种审美融入到所有的产品中。当同时代的其他计算机制造商专注于销售盈亏时，乔布斯已经朝着产品创新的方向前进。他认为 Mac 像蒂芙尼台灯一样，是可以大规模生产的艺术品，他甚至把所有设计师的签名压印在外壳内侧。在 Mac 的开发过程中，乔布斯与苹果公司发生分歧，于 1985 年离开公司。同年，他成立了 NeXT 公司，并聘请了许多之前苹果团队中的合作伙伴。一年后，乔布斯成为皮克斯的创始人之一，后来皮克斯获得奥斯卡奖并成为行业领军的动画工作室。1997 年，苹果公司重新请回乔布斯来担任首席执行官（CEO），他挽救了岌岌可危的公司。他最大的成功在于吸收了其他公司尚不明确的想法或失败项目中的创新点，并加以改进。他见证了 iPod 音乐播放器（2001 年）、iPhone 智能手机（2007 年）和 iPad 平板电脑（2010 年）的开发，他倡导的"以用户为中心"的设计风格推动了个人电脑和智能设备的普及。

AIM
（美国在线即时通信软件）
1997 年

iPod
2001 年

第一部采用全 CGI
技术的电影
《玩具总动员》
1995 年

GeoCities
网站始于
1994 年

柯达 DCS 420
早期的
数码相机
1994 年

掌上
电脑
1997年

万维网

1990年—2005年

互联网如何改变计算机

20 世纪 90 年代之前，计算机就像是一个工具箱。 它们待在办公室或机房里，用来完成特定任务。例如，当妈妈需要使用电子表格报税或孩子们想玩电脑游戏（如《俄勒冈之旅》）时，就会打开家用计算机。任务一旦完成，计算机就会被关闭，"工具箱"被收起。1990 年，只有 15% 的美国家庭拥有计算机。但随着万维网的创建，这一数字发生了变化，万维网使互联网变得易于使用。普通人第一次可以使用计算机来上网"冲浪"！

互联网把计算机变成了一种多媒体设备，使得人们可以上网执行在线（以前都是离线的）任务，例如阅读新闻、观看视频或与朋友联系。对人们来说，这时的互联网已经有了很大的变化，它变成了一部不断更新的大百科，变成了一个全球性的市场和一个集多项功能于一体的通讯中心。接入互联网势在必行，这也是许多家庭购买计算机的原因。到 2000 年，超过一半的美国家庭拥有了计算机。

20 世纪 90 年代被称为"互联网拓荒潮"时代——一个由快速致富计划、弹出式广告和全新商业模式组成的时代。21 世纪初，内容创造者和用户开始大规模融合，创造出新型线上空间，如社交网站。从 20 世纪 90 年代到 21 世纪初，互联网经历了起起伏伏，这个时代的探索、成功和失败塑造了我们现在的世界。

时间轴

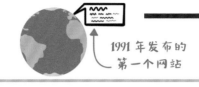

1990年
万维网

1991 年发布的第一个网站

计算机科学家蒂姆·伯纳斯·李和信息学工程师罗伯特·卡里奥发明了"万维网"（Web），此前，互联网不易使用。Web 是一个在互联网之上运行的应用程序，使用超文本将不同的"Web 网页"链接在一起。

1991年
《高性能计算法案》

数十年来，由美国政府经营着互联网并禁止任何商业活动。1991 年，《高性能计算法案》资助了 6 亿美元来进一步发展超级计算机。商业流量首次获得官方许可，并最终导致互联网私有化。

由美国国会通过的《高性能计算法案》资助。

1993年
"马赛克"浏览器发行

浏览器是一种软件应用程序，通过向服务器请求所需的网页来访问 Web。"马赛克"是第一个广泛发行的专业图形浏览器。

1995年

Windows 95

Windows 95 操作系统在发售的前四天，销量超过了一百万。大多数人都是通过预装在 Windows 95 桌面上的微软 IE 浏览器接触互联网的。

哦不！

诸如 PETS.COM 和 WEBVAB.COM 等网站对应的网络公司是互联网投机泡沫中的典型，最终破产倒闭。

2000年
互联网投机泡沫

20 世纪 90 年代末，投资网络公司可以带来不少收益。但是大多数公司的估值都被严重高估。许多网络公司没有思考如何赢利就上市了。他们有华而不实的广告宣传和巨大的投机价值——但就是没有实质的生产和商业活动。2000 年，互联网泡沫"破灭"，股市崩盘。

Tux，Linux 的吉祥物企鹅

Linux 仍免费提供服务。世界各地的爱好者一直在对其不断进行完善！

1991年 Linux 内核

Linux 是一个基于 UNIX 的免费操作系统。当它被发布到互联网上的 Usenet 新闻组后，成千上万的志愿者立即开始着手改进。Linux 在 1992 年成为一款流行的开源操作系统。

CAT.JPG

1992年 JPEG 标准

法国 Minitel 网络的成员聚集在联合图像专家组（简称 JPEG），研究如何压缩图像使其可以在互联网上正常显示。1992 年，JPEG 标准正式推出并成为最常用的图像文件格式之一！

1996年

诺基亚 9000 Communicator 智能手机

这款手机在芬兰推出，被认为是第一款可以上网的手机。

1997年 呃！

CONGRATULATIONS
$50
WIN·WIN·W
FREE
BOGO

第一条弹出式广告

比起横幅式广告，弹出式广告能获得更多点击量（包括误点）。到 20 世纪 90 年代后期，这些烦人的广告塞满了每个人的浏览器，引发了一场由广告商、骗子以及试图屏蔽弹出广告的浏览器开发人员参与的编程拉锯战。

2001年

iTunes 发行

20 世纪 90 年代，音乐可以被压缩成 MP3 格式的数字文件并在网上下载。这彻底颠覆了音乐产业。人们不再需要盒式磁带或 CD。苹果看到了商机，与唱片业达成协议并以数字方式销售音乐。有了 iTunes，人们可以在苹果 iPod 上购买单曲并收听。

2005年 看到我的博客了吗？ 酷！加我的 MySpace 号吧！

Web 2.0 时代到来

许多历史学家将 1991 年到 2004 年这段时期称为"Web 1.0"时期。到 2005 年，Web 的主要组成不再是静态网站，而是有了更多的用户来不断地更新内容。发生这种变化的时期被称为"Web 2.0"时代。

历史故事

从棒球场到超市，AOL 邮寄的免费 CD 无处不在，他们甚至把光盘和速冻午排捆在一起邮寄出去。

人们经常混用**"互联网"**和**"Web"这两个术语**，但两者并不等同！互联网是连接计算机的物理网络，数据按一定标准在该网络中移动。Web 是在互联网之上运行的应用程序，是一个链接到超链接和地址"网络"的页面、文档和资源的集合。互联网的历史始于 1969 年的美国军事项目阿帕网，阿帕网一直是"互联网的主干网"，直到 20 世纪 80 年代被 NSFNET 取代。尽管世界各地冒出了其他小型网络，但互联网的网络运行一直受到政府机构的严格限制。NSFNET 仅限于科学和学术研究。互联网是免费的，不允许进行商业活动。早期互联网的真正潜力尚未被发掘，对大众并不友好，除了电子邮件之外，几乎是学术界的专属俱乐部。想象一下，当你想阅读其他文章时，必须滚动浏览一个非常长的文件目录，其中包含数量极多且难以理解的名词。

"围墙花园"

20 世纪 90 年代初，第一批互联网用户感到不知所措。"围墙花园"是封闭的网络，就像美国在线公司（简称 AOL）只提供例如电子邮件、体育时讯、新闻和游戏等有限内容。

你有新的邮件！

万维网

蒂姆·伯纳斯·李在瑞士的欧洲核子研究组织（简称 CERN）担任软件工程师时创建了 Web。当时 CERN 的科学家使用 NSFNET 发送电子邮件并进行粒子物理研究。伯纳斯·李在 CERN 散步时，注意到各种类型的消息可以在走廊里飞速传播，这启发了他的灵感。在这些人群聚集的地方，人们可以不经意间听到别人的对话，阅读公告牌上的传单，碰到同事并进行交谈，这些行为都有助于分享想法和协作。这正是伯纳斯·李想要的互联网！1989 年，他提出了万维网。Web 通过嵌入关键词（称为超文本）并依靠点击链接来跳转到相关的"web 文档"。单击鼠标可以轻松地从一个文档跳转到另一个文档。Web 文档（后来称为网页或网站）是使用 HTML（超文本标记语言）创建的，这是一种由伯纳斯·李创建的编程语言。在罗伯特·卡里奥的帮助下，万维网于 1990 年诞生，并于次年向公众免费开放。

网景浏览器

浏览器

浏览器可以检索并显示网站。1990 年，蒂姆·伯纳斯·李发布了一个名为 Nexus 的浏览器。该浏览器仅限于访问文本为主的网页，这些网页看起来更像是文本文档而不是来自现代网站。1993 年，CERN 和伯纳斯·李在互联网上发布了 Web 的源代码，借助开源的力量来改进 Web。

同年，伊利诺伊大学的马克·安德森和埃里克·比纳共同编写了"马赛克"浏览器，这是最早的现代浏览器之一。它容易安装，并且可以轻松地将图片整合到网页中，让网页看起来更像色彩斑斓的杂志页面而不是枯燥乏味的学术论文。在"马赛克"发布后的一年内，市面上涌现出了数以万计的新网站。

浏览器之战

马克·安德森主持"马赛克"项目时仅 22 岁。1993 年从伊利诺伊大学毕业后，他与企业家吉姆·克拉克创办了网景公司。安德森的目标是把他原来的浏览器改进成一个"马赛克杀手"。"网景导航者"浏览器于 1994 年 10 月发布，下载量超过 600 万次。次年，网景公司上市，股票暴涨——这家小公司突然身价飞涨数十亿美元。Web 成为了快速致富的新领域。这引起了比尔·盖茨和微软的注意。盖茨担心"网景导航者"最终会取代 Windows 系统。毕竟计算机的未来基于可访问的网站和基于浏览器的软件。20 世纪 90 年代中期，微软靠 Windows 95 几乎垄断了操作系统市场，Windows 95 与 IE 浏览器捆绑销售，是史上最受瞩目的软件。网景和微软都在努力改进各自的浏览器，包括添加动画和音频流的媒体功能。微软甚至粗暴地禁止用户在 Windows 系统中安装"导航者"，强制 Windows 用户使用 IE 浏览器。这招致美国政府的调查和一场针对微软的反垄断诉讼。尽管后来微软被迫重新允许用户在 Windows 系统中使用其他浏览器，但整件事对网景公司造成的损害已无法挽回，网景再也无法回到之前的市场占有率。

互联网浏览器之争只是科技行业形成垄断趋势的一个缩影。当良性竞争愈发激烈、不同的想法竞相迸发、积极的合作不断推进时，计算机历史上最具创造性和最高产的时代到来了；而当垄断不受控制时，这个硕果累累的时代迎来的将是创造力的消散。

Windows 95 新品上市花费 2 亿美元，其中购买滚石乐队《让我开始》歌曲的使用权就耗资 300 万。

Photoshop，一款图像编辑器，首发于 1990 年。

这整本书的插图都是在 Photoshop 中完成的。

1995 年，NSFNET 正式停用，从此因特网的"主干网"完全移交到私企手中。

搜索引擎

搜索引擎的出现大大提升了 Web 的用户体验。20 世纪 90 年代中期，全世界的网站数量激增。当然了，记住或收藏最喜欢网站的网址很容易，但是想找点新东西该怎么办？没有地址怎么能找到新的网站？

1993 年，苏格兰斯特灵大学的乔纳森·弗莱彻创建了首个现代搜索引擎 JumpStation，该引擎带有一个名为"网络爬虫"的自动化程序，可索引互联网上每个网页的内容，并将相关信息存储在服务器上。比如，如果想搜索有关潜水的信息，服务器上的内容将对关键词"潜水"进行排序，并提供相关网站的列表。

早期大多数的搜索引擎都不是按信息质量排序，而是按关键字出现的次数排序。为了增加网站的流量，人们向自己的网站中添加大量重复的关键词来欺骗系统，有时甚至把关键词隐藏在图片后面。想象一下，有一个只重复了 100 万次"潜水"的网页赫然出现在搜索结果的第一条，这样的搜索结果毫无意义！

拉里·佩奇和谢尔盖·布林解决了这个问题。一篇学术论文的质量取决于它被多少篇已发表的论文引用，受此启发，他们创建了一种算法来测算某一个网站链接到其他网站的次数。这称为反向链接。一个网站的反向链接越多，它在搜索结果中的排名就越靠前。他们的搜索引擎始于 1996 年，是当时一个名为 BackRub 项目的研究成果。1998 年，佩奇和布林创办了一家名为谷歌（Google）的公司并开发了同名的搜索引擎，名字的灵感源于"googol"（古戈尔）[①]，意为"巨大的数字"。

搜索引擎公司通过出售广告位和提供"赞助搜索结果"赚得盆满钵满。它们拥有非常庞大的受众，还可以访问大量的用户数据，这对广告商和政府而言都是无价之宝。谷歌因其运行良好的算法，在 2000 年的互联网泡沫中幸存下来，并在 2004 年成功进行首次公开募股（IPO）。这向投资者发出了一个信号——互联网公司仍然是摇钱树。这时的谷歌已经成长为世界上最强大的公司之一。

[①] 古戈尔是 10 的 100 次方。

计算机在以下电影中运用的 CGI 技术，成像效果逼真：

《终结者 2》（1991 年）

《侏罗纪公园》（1993 年）

《黑客帝国》（1999 年）

机器人世界杯始于 1996 年，是一场由机器人与 AI 进行的国际性足球比赛。

电子商务

这些公司推动了网上购物的流行。

亚马逊的主要商业模式

美元从用户手中流向亚马逊

1994 年亚马逊创立，以卖书起家。亚马逊脱胎于互联网，意图颠覆传统零售业。网上购物的兴起，让许多线下商家被迫停业。

到 21 世纪初，亚马逊拓展版图，成为一家"应有尽有的商店"。

拍卖网站 eBay 的主要商业模式

美元在各个用户手中流通

eBay 创立于 1995 年，是一个线上竞标市场。诸如 eBay 等网站帮助人们开启小规模的线上生意。

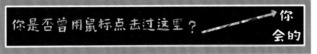

第一条横幅式广告

当人们认为网上的一切都应当是免费的时候，如何在网上挣钱？**广告！**

你是否曾用鼠标点击过这里？ → 你会的

Have you ever clicked your mouse right HERE? → YOU WILL

RETINA

点击

1994 年，《连线》杂志拥有了第一条横幅式的广告。

与刊登或是电视广告不同，市场营销人员能够掌握点击在线广告的人数，以反这些点击量如何转化为销量。这些数据非常宝贵，但这才刚开始。

出售广告位以反从用户身上收集到的信息依旧是许多线上公司赢利的方式。

早期的社交媒体

在 Web 出现的早期，内容创建者和消费者之间界限分明，少数程序员为数百万访问者创建了网站。要想拥有自己的网站，要么精通技术，亲自用 HTML 编程，要么有足够的钱雇用一个专业开发人员。1994 年推出的 GeoCities 平台让这种情况开始发生变化。借助 GeoCities，人们通过一套基础的在线工具和一点点的编码就能轻松创建自己的网页。GeoCities 的人气在 1999 年达到顶峰，拥有超过 3800 万个页面，每个页面按主题分成不同的"社区"。由此，内容的创建者和消费者之间的界限开始模糊。GeoCities 是现代社交网络的先驱。在 21 世纪，Friendster（2002） 和 MySpace（2003） 等早期社交媒体平台上线。用户每天都会多次在这些网站上互留消息并更新自己的网页。2004 年，哈佛大学在校生马克·扎克伯格创建了 Facebook 来联系校内的学生。在接下来的几年里，Facebook 迅速扩展到整个世界，成为传媒巨头。

大学期间的马克·扎克伯格创建了一个名为 Facemash 的网站来给在校新生的长相打分。

没礼貌！

哈佛校方因其涉嫌性别歧视，关闭了这个网站。

Tom

View My: Pics | Videos

在 MySpace 平台，CED 汤姆·安德森是每个人的第一位"好友"。

时代的影响

互联网已经成为不断更新的大部头百科全书、全球市场和集多项功能于一体的通讯中心。到 2005 年底，Web 已经成熟，"用户"和"内容创造者"的角色可以互换。Web 2.0 已经到来，为下一个十年奠定了基础，在那时，互联网将成为个人身份的延伸。

"各位，现在在我们身后的是一群大象……"

第一条 YouTube 视频"我去动物园"上传于 2005 年。

创建一个网站！

加入一个群聊！

开一场直播！

人们第一次能够轻易地找到自己那些小众爱好的群体，并且在此基础上开始做生意。

终于找到了一个也喜欢蝙蝠的人！

重大发明

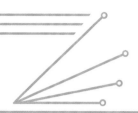

互联网的宽带连接——1996 年

在宽带出现之前，一般是通过电话线经由调制解调器，将模拟信号转换为数字信号，实现互联网访问。这一过程被称为"拨号"互联网访问。这个通信基础设施出现于 20 世纪 50 年代，设计的初衷是为了电话呼叫，而不是传输大量数字化数据。这意味着互联网速度非常慢，尤其是在传输照片和大型文件时。

宽带指的是比拨号更快的高速互联网。宽带使用多种方式传输数据，包括电缆、光纤和卫星。1996 年，加拿大的电缆调制解调器服务将宽带引入北美，但直到 21 世纪初才普及。到 2010 年，65% 的美国家庭使用宽带上网。互联网速度的提升带来了更大的力量！大型文件得以快速传输，这意味着互联网更有用了！

拨号上网

我等不反了！

使用拨号上网时，一个 700 兆大小的视频要花 5 个多小时才能下载下来。

每次启动互联网，调制解调器都要用尖利刺耳的高音调声音来测试电话线。

宽带上网

我要和所有人分享这个视频！

人们向电缆公司或者互联网服务提供商支付费用以获取高速宽带联网服务。传输速度是每秒几兆。

维基百科——2001 年

2001 年，吉米·威尔士和拉里·桑格创建了维基百科，这是一个免费的在线百科全书。起初，这部百科全书名为 Nupedia，其中的文章都是由专家撰写的，并且经过严格的审查。在开发 Nupedia 时，威尔士想让大众可以参与编写这本百科全书，书中可以包含任何主题，也可由世界上任何人来编辑。像这种依靠大众来获取和编辑信息的方法叫作"众包"。维基百科发展迅速——到 2007 年，平台已经有超过 200 万篇文章，是有史以来最大的百科全书。如今，维基百科还在不断发展，也是互联网上访问量最大的网站之一。维基百科涉及大量的主题及相关的信息，如果只是想简单了解某个问题，那这是绝佳的选择。然而，像维基百科这样的在线图书馆是由大众创建的，出现错误、偏见和虚假消息在所难免。今天的维基百科制定了规则，并且有管理员来标记错误之处。这有助于保证文章的真实性，但结果并不尽如人意。因此在网上查阅资料时，最好查阅来源权威可靠的信息，并进行多方求证。

维基百科快速发展，目前已经包含 320 多个语种的 5600 多万篇文章。

维基百科是 Web 2.0 的典型产物。

这个乐队叫"小妖精们"！

这支乐队自称为"小妖精乐队"！

不同的贡献者通常对文章持有不同的看法，会对同一篇文章反复编辑。所有的编辑记录都可以在当页的"交流"和"历史"标签看到。

口袋设备、个人助手以及 MP3 播放器

20 世纪 80 年代，手机体积庞大、价格昂贵，而且通常内置于汽车中，因此主要供富人使用。到 20 世纪 90 年代末，手机已经变得足够小巧且价格低廉，适合普通人购买。科技公司想更进一步，创造出功能更多的口袋设备！受 20 世纪 40 年代侦探漫画和《星际迷航》中手掌大小的通讯装置的启发，设计师们从 20 世纪 90 年代到 21 世纪一直在尝试和研究，试图创造一种一体化通信设备，但进展不大。

名人堂

"一分投入，三分回报，从而形成一种良性循环。这就是让 Linux 变得更好的原因。"

林纳斯·托瓦兹 1969—

生于芬兰赫尔辛基。

两人因在密码学上的贡献而共同获得了图灵奖。

1991 年，他创造出了免费的操作系统 Linux。

Linux 是最受欢迎的开源操作系统之一，在世界各地的智能手机上都能够找到不同版本。

西尔维奥·米卡利 1954— 与 沙菲·戈德瓦瑟 1959—

他们的论文《概率加密》对互联网的安全发展至关重要。

在查尔斯·拉科夫的帮助下，他们共同提出了零知识证明，这是设计密码协议的关键。

eBay 古怪混乱的气氛塑造了早期的网络文化。

他生于法国，是一位伊朗裔美国籍软件工程师。

赋予 eBay 价值和力量的是由买家和卖家共同构成的市场，这就是 eBay 成功的原因。

与周以真携手，两人开发了里氏替换原则，这是一种面向对象的程序原则。

她通过在编程语言开发以及系统设计方面的贡献而获得图灵奖。

她在 MIT 领导编程方法论小组。

芭芭拉·利斯科夫 1939—

皮埃尔·奥米迪亚 1967—

1995 年，奥米迪亚创办了 Auctionweb，后改名为 "eBay"。一开始只是因为兴趣而创建，但是到了 2001 年，eBay 已经成为最大的电商网站之一。

"我所设想的网络目前尚未实现。未来远比过去宏大得多。"

蒂姆·伯纳斯·李爵士 1955—

英国计算机科学家蒂姆·伯纳斯·李爵士出生于一个精通技术的家庭——他的父母都曾投身于英国第一台商用计算机费兰蒂马克一号的研发。1976 年，伯纳斯·李从牛津大学毕业后，曾从事过几份开发软件的工作。1980 年，他在瑞士的 CERN 担任了几个月的软件顾问，开发了一个使用超文本链接的程序，名为 Enquire[1]。四年后他重回 CERN，负责开发实验室的计算机网络。他想找到一种能让科学家们更好地分享数据和想法的方式，这使他在 1989 年提出万维网。"最初建立起 Web 就是为了提供一个协作空间，人们可以在这里互通有无。"伯纳斯·李说道。Web 于 1990 年完成，次年公开。

伯纳斯·李努力让万维网真正免费——正如他所说，要"百花齐放"并激发创新。1994 年，他成立了万维网（W3）联盟，这是一个开发万维网标准的国际社区。创建联盟的目的是确保万维网继续发展并用于公共领域。2004 年，伯纳斯·李因其卓越贡献，被封为爵士。由于开源网络的创建，在线企业（包括小微企业和互联网巨头）、众包研究、社区论坛和个人博客，都可以变为现实。

---

[1] 得名于维多利亚时代著名的家居生活指南《有求必应》。参考来源：《计算机简史》（第三版）P270。

"计算机可以说是我们制造的最具有自主性的工具。它们是沟通的工具，它们是创造力的工具，它们可以按不同的用途塑造成不同的工具。"

比尔·盖茨 1955—

20 世纪 90 年代，微软在操作系统领域拥有无可争议的垄断地位，创始人比尔·盖茨正处于权力和名望的顶峰。2000 年，超过 97% 的计算机使用 Windows 操作系统，微软的 Office 和 IE 浏览器是标配。盖茨出生于华盛顿州西雅图。他和保罗·艾伦在高中时尝试使用分时终端编程。他们一起发明了一个非常简单的交通数据收集计算机，称为 Traf-O-Data，这增加了他们在英特尔微处理器上的编程经验。要知道，当时只有极少数人才能接触到这类微处理器。1975 年，盖茨跟随艾伦从哈佛辍学，一起致力于为早期的家用计算机"牵牛星 8800"设计 BASIC 语言的解释器。同年，盖茨和艾伦在阿尔伯克基共同创立了微软。他们的编程语言"微软 BASIC"几乎适用于 20 世纪 70 年代所有的微型计算机，这使他们在竞争激烈的行业中早早站稳了脚跟。

20 世纪 80 年代，盖茨继续发展公司。微软通过与 IBM 在 PC 上的合作成为行业标准。微软最有名的产品 Windows GUI 于 1985 年首次推出。微软如同 20 世纪 60 年代的 IBM 一样，凭借其影响力占据市场主导地位。从那以后，拥有一台个人计算机就意味着要使用 Windows 操作系统，几乎无一例外。2000 年，盖茨将注意力转向了慈善事业，并和当时的妻子创办了比尔及梅琳达·盖茨基金会，这是世界上最大的私人基金会。2008 年，盖茨离开微软并全身心投入到基金会中。

深度学习的
一场繁荣：
人工神经网络
21 世纪 10 年代

第一台 50
个量子比
特的量子
计算机
2017 年

主流虚拟现实
头戴式设备
2016 年

第一台
iPhone
2007 年

谷歌
自动驾驶汽车
第一次上公路
2015 年

云计算数据中心
21 世纪初
网络云服务
开始流行

一体式设备

2006年—现在

便携式计算机、大数据与 AI

21 世纪初，Web 2.0 时代已经到来！ 计算机已成为交流、工作和娱乐的重要工具。在短短几年内，智能手机占据主导地位。这种一体式设备结合了手机、计算机、数码相机、GPS 定位导航和其他功能，将成为访问互联网不可或缺的工具。智能手机的兴起在发达国家带来了巨大的文化转变，由互联网驱动的互动慢慢渗入人们的生活。

WI-FI 和蓝牙技术出现于 20 世纪 90 年代，在 21 世纪的前十年已经完全成熟，并在消费领域变得越来越普遍。许多家用电器——恒温器、冰箱、安保系统等通过连接到互联网成为"智能"设备。

21 世纪 10 年代，便携式智能设备和无线宽带变得司空见惯。互联网不再是坐在台式机前才能访问，而是变得无处不在。巨大的数据中心被用于存储大量在线产生的数据。海量数据和性能日益强大的计算机推动含有复杂神经网络的人工智能向前发展。未来几十年的计算机技术将由跨越式发展的人工智能技术来定义。

时间轴

2006年

"谷歌"被词典收录

谷歌

动词·"使用谷歌搜索引擎在万维网上获取（某人或某物的）信息。"

《牛津英语词典》和《韦氏词典》都添加了动词"谷歌"。谷歌仍然是大多数人浏览互联网的方式。谷歌搜索算法的一点点变化，都会对人们搜索出的内容产生巨大影响。

可以连入显示器、键盘、鼠标、相机等等！

和信用卡差不多大

被用于制造一些很酷的东西，例如机器人、DJ 系统、电子滑板等等！

2012年

"树莓派"

了解计算机的最好方法就是自己编程！树莓派基金会（Raspberry Pi Foundation）使用 Scratch 和 Python 等语言构建了小型计算机板供学生修改和编程。到 2013 年，超过 100 万台"树莓派"计算机被用作教学工具。

2014年

图书馆在哪儿？

SON UNAS CUADRAS AL NORTE

¿DONDE ESTÁ LA BIBLIOTECA？

向北再走几个街区

谷歌神经机器翻译

借助神经机器翻译（简称 NMT）软件，翻译程序能够一次性读完整个句子，正确识别词尾、时态或复数形式。与一次只阅读一个单词或短语的传统翻译程序相比，这是一个很大的改进。

Alphabet 旗下的公司有：Youtube 视频网站、Nest 智能恒温器制造商、谷歌光纤、安卓以及 DeepMind 人工智能公司。

2015年

"伞形公司"

谷歌继续成长为世界上最大、最强的科技公司之一。2015 年，谷歌重组成为"伞形公司"Alphabet，并在一年内收购了 200 多家公司。Alphabet 旗下的公司业务涉及医疗保健、人工智能、自动驾驶汽车、互联网接入等。

"PizzaRat"话题一路走红！

2009年，推特引领了搜索话题的风潮。

2007年

话题开始流行

早在1988年因特网中继聊天时，话题（带有符号"#"的单词或短语）就被用于对主题进行分组，但几十年来一直没有广泛的吸引力。2007年，博主克里斯·梅西纳在社交媒体应用推特上使用"#圣地亚哥大火"话题，才使得这种话题形式走红。从那时起，话题以各种方式被使用，从分享笑话到帮助组织政治运动。

第一次用比特币进行的交易是用1万比特币购买了两块披萨。

2008年

话题开始流行

2008年一篇名为《比特币：一种点对点的电子现金系统》的学术论文发表。比特币是一种加密货币，也就是一种匿名电子货币。比特币是通过处理比特币交易获得的，它们的价值多年来一直起伏不定。加密货币有时用于在线购买令人尴尬的或非法的物品。

也被称为"智能微尘"

由一块极小的太阳能光电池提供动力

生态学家运用它来实时收集数据

2014年

世界上最小的计算机

密歇根大学的计算机科学家建造了三台计算机，称为密歇根微粒（又名 M3），每台计算机只有一粒沙子那么大。一台测温度，一台测压力，第三台可以拍照。

2014年

互联网的使用量反映了全球人口

到21世纪10年代中期，全球计算机使用量飞速增长，甚至发展到可以依靠互联网用户数量推算世界人口比例的程度。2014年，中国网民成为互联网中最大的用户群体，当时中国正是全世界人口最多的国家。

公众科学又称"公众参与式科学研究"

2020年

公众科学创造出速度最快的超级计算机

并非每个科学实验室都有条件使用超级计算机来模拟科学中的复杂结构。斯坦福大学的 Folding@home 项目[1]利用互联网将人们的个人计算机联网并共享计算机的计算能力。过去，Folding@home 已被用于对 HIV 和埃博拉等病毒进行建模。在2019年底开始的新冠肺炎疫情期间，近100万新用户将他们的计算机联网以帮助科学家快速计算，对抗这种疾病。在2020年春季期间，Folding@home 网络成为世界上最快的超级计算机。

---

[1] 一个研究蛋白质折叠、误折、聚合及由此引起的相关疾病的分布式计算工程。

历史故事

史蒂夫·乔布斯

21世纪初，**要是你翻看**一个普通背包，你可能会发现许多不同种类的便携式电子设备——玩电子游戏的 Game Boy 游戏机、听音乐的 MP3 播放器、手机或数码相机。每一个设备都是为了执行特定任务而研发的。接下来的潮流将是，把这些技术全部融合起来，制造出一个可以将手机变成计算机的一体化设备。

2007年，Kindle 上市，这是第一台专为阅读电子书设计的平板。

2012年，据证实，可以用基因工程 DNA 链来存储计算机数据。

DNA 是由四种化学碱基构成，分别是腺嘌呤（A）、胞嘧啶（C）、鸟嘌呤（G）和胸腺嘧啶（T），可以表示"1"和"0"。

智能手机

1994年上市的 IBM Simon 被认为是第一款智能手机，它仅支持三十分钟的通话时间，砖块般大小，无法使用无线网络发送电子邮件，这是彻头彻尾的失败！多年来，有些智能手机——如诺基亚 9000 Communicator（1996年）和黑莓 5810（2002年）——在市场上更为成功，但仍然有些小众。这些设备屏幕小，小小的键盘由塑料按钮制成。由于受限的无线数据和较低的计算能力，智能手机没有吸引到大众，但 iPhone 的出现改变了这一切。2007年，史蒂夫·乔布斯在台上隆重介绍了 iPhone。当他展示其功能时，人群发出一阵阵惊叹——从观看电视剧《办公室》的片段到回复电子邮件，从拍照到在 iTunes 上播放绿日乐队[①]的歌曲，当然还有打电话——所有这一切的实现只需要在玻璃屏幕上捏一下、敲一下或滑动一下。这一流行文化立刻引起了轰动——人们甚至在苹果商店外彻夜排队，只为了在第一时间买到 iPhone。

---

① Green Day，美国朋克乐队。

第一代 iPhone 的本质就是一台与手机结合的小型平板电脑。凭借其玻璃触摸屏和用户界面，它的功能可以根据它运行的程序而改变。这项创新大大削弱了手机按键对早期智能手机实用性的限制，并为各种软件应用程序的开发提供了无限可能。iPhone 使用了一种由苹果用户界面团队创建的手势动作语言，并为所有后续的智能手机确立了设计标准。iPhone 是在无线网络基础设施成熟时出现的。与之前的智能手机不同，iPhone 的带宽足以支撑用户观看视频、快速浏览网页和实时定位。

几乎在 iPhone 发布的同时，其他公司，比如安卓（2005年被谷歌收购）也一直在开发自己的移动操作系统。第一款运行安卓操作系统的智能手机是 HTC Dream（2008年）。与 iPhone 封闭的 iOS 操作系统不同，安卓是基于 Linux 的开放式操作系统。尽管苹果是第一家向客户介绍这些新设备的公司，但安卓才是市场的领头羊。他们的开源操作系统允许手机以外的更多"智能"设备在他们的软件上运行。2013年，安卓系统的智能手机销量超过所有其他智能手机和个人电脑销量的总和。

电话进化史

应用程序

真正成就智能手机一体化的是应用程序。起初，苹果公司只允许某些开发人员为 iPhone 编写应用程序。这在很多人看来并不公平，他们认为如此强大的计算机没有理由受到如此严格的控制。人们开始破解、入侵（称为越狱）自己的 iPhone 以安装他们自己的程序。后来苹果公司做出回应，开放了应用商店，第三方软件公司可以在苹果批准的情况下销售程序。在整个 21 世纪 10 年代，初创科技公司开发的应用程序远远超出 iPhone 设计师的想象。自此，应用程序彻底改变了运输、航运和医疗保健等市场。由于成本极低且几乎不存在成文的法规，21 世纪 10 年代进入应用公司发展的全盛时期，它们像繁荣于 20 世纪 90 年代的互联网公司一样赚得盆满钵满。

做个租赁鞋子的应用程序怎么样？

21 世纪 10 年代，电子游戏图形和在线播放大大推动了计算机创新。

大逼真了！

2010 年，美国空军通过连接 1760 个游戏站，制造出了强大的超级计算机。

该计算机被戏称为"秃鹰群"。

105

智能手机征服世界

人们仍然需要台式机或笔记本电脑来处理重要工作，例如专业编程、长篇媒体创作、使用商业软件和服务器托管（某个网站）。尽管如此，截至 2015 年，最常见的计算设备不再是个人计算机，而是智能手机。2019 年，皮尤研究中心估计，全球 50 亿手机用户中有一半以上拥有智能手机。到 2021 年，美国 85% 的成年人拥有智能手机。与此同时，15% 的美国成年人依赖智能手机上网，并且没有其他计算机设备。"依赖智能手机"的用户往往更年轻或收入较低。虽然口袋设备的功能（从设计上来说）不如个人计算机，但它们通常更便宜且更方便。

智能手机的出现，掀起了一股新型消费类电子产品取代计算机的潮流。它们都像智能手机一样具有超强的计算能力，但它们的功能往往受限于产品自身的设计，用途比较单一。就像智能手机能轻易满足人们读书的需求，但用智能手机写书的人并不多。

技术总是螺旋式发展。与 21 世纪之初的个人计算机相比，现代平板电脑计算能力更强；但在某些关键方面，它们提供的功能更少，对存储和软件的控制也更弱。这些平板设备仍然没有实现 20 世纪 70 年代最初构思平板电脑的工程师们设定的许多目标（例如，艾伦·凯的 Dynabook）。前事不忘，后事之师，前人的丰富经验能启发当下的设计和思想。

谷歌眼镜
（2013 年）

索尼智能手表
（2012 年）

Fitbit
Flex
智能乐
活手环
（2013 年）

2006 年，美国仅 11% 的成年人使用社交软件。

15 年后，美国成年人的社交软件使用率增长到了 72%。

互联网无处不在

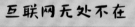

DING

DING

DING

DING

过去，互联网只是一个人们登录计算机进行访问的"地方"；如今，人们时时在线，很难找到一个"不用电子设备"的地方。

不用电子设备真好！

云计算

云计算听起来很神奇，像是空气中飘浮的数据薄雾，实则不然。事实上，"云"指的是一排排服务器，它们可以存储和处理大量数据。云服务的起源可以追溯到 20 世纪 60 年代的分时共享，当时人们使用终端访问远程、功能强大的大型机。现代服务器通常放在巨大的仓库中（称为数据中心）并保持冷却。虽然这些巨大的仓库难免让人联想到那些老式的大型机，但这些现代服务器的计算能力今非昔比。通过互联网连接到这些服务器，人们可以租用存储空间和计算能力。

对亚马逊和谷歌等大公司而言，为了安放处理全球数据的服务器，投资建设大量的基础设施是必不可少的。到 2006 年，云计算本身已经成为一项大生意。许多公司都遇到了存储空间不足的问题，云计算的出现，让他们能够在科技巨头的远程服务器上租用计算资源和存储空间。随着越来越多的人使用智能手机，将所有个人数据保存在远程云端变得常见。这种从台式机演变成连接到更强大服务器的便携式设备的时代通常被称为后 PC 时代。

社交媒体和算法

社交媒体平台在 21 世纪之初演变为融合新闻、社区参与和娱乐为一体的商店。在某些方面，像 Facebook 这样的现代社交媒体平台，和 20 世纪 90 年代由美国在线 (AOL) 等公司精心策划的"围墙花园"类似。

社交媒体网络通过向广告商、研究人员、政党或其他任何人出售用户数据以及出售广告位和关注赞助内容来赚钱。

此类应用程序都使用基于个人数据的人工智能和其他推荐算法推送用户可能感兴趣的内容，以此吸引和取悦用户，好让他们在网站上停留更长的时间。从售卖广告位的角度而言，这行之有效。然而，当人们只使用社交媒体来获取大部分新闻时，一些意想不到的弊端开始显现。糟糕的算法会导致人们更容易接触并愿意相信那些道听途说和耸人听闻的消息，而非权威发布的、经过检验的、较为真实客观的消息。

2013 年，Adobe 停止售卖实体软件，而是仅提供线上租赁服务。

此举引发了软件订阅服务的热潮。

2010 年，Instagram 发布的第一张照片由联合创始人凯文·斯特罗姆拍摄。

是一只在塔可摊位的小狗。

2012 年，谷歌 X 实验室开发了一个著名的大型神经网络来学习搜索在 YouTube 上带有猫咪的视频。

这个 AI 有 10 亿个参数。

2016 年，这台 AI 可以使用 3D 打印机仿照巴洛克时代的画家伦勃朗作画。

大数据与隐私

"大数据"意味着科技公司需要有能力处理和存储数十亿用户的个人数据。大数据公司出售的数据类型包括发布在社交媒体上的照片、用户观看视频的时长、近期在线购物的数据、搜索记录，甚至是一个人每天步行上班的路径，包罗万象！这些数据全都是通过智能设备和在线互动追踪技术收集的。这些海量的信息以人类历史上前所未有的速度呈指数级增长。

除了用于精准推荐针对个人喜好的广告外，个人数据还被出售并用于科学和社会研究，例如

人工智能的发展。存储和跟踪用户数据的能力可能催生大规模的在线监控，这引发了许多关于隐私权的争论。

人工智能迅速发展

机器可以像人类一样学习吗？这想法启发了计算机科学的一个完整分支——人工智能（AI）。人工智能是让机器模仿人类的行为或思考方式。科学家们通过机器学习来实现这一目标。机器学习是指使用不同类型的算法和统计模型来训练机器。通常情况下，计算机执行的程序是事先确定好的指令，而人工智能和机器学习是"教"计算机在没有明确指示的情况下解决问题。计算机根据事先确定的算法通过筛选"训练数据"来"学习"。一旦计算机学习了足够多的训练数据，它就会创建一个数学模型来独立工作。

人们对人工智能的关注热情时涨时消，有几个时期甚至被历史学家称为"AI 凛冬"，那时 AI 领域不受关注，研究资金也被削减。到 20 世纪 90 年代初，微处理器运行的速度之快才重新激

发人们的关注。21 世纪初，从互联网收集的大量数据和机器学习的重大发展使 AI 的研究取得了重大突破。人们在计算机视觉、语音识别和机器翻译方面有了跨越式发展。

大多数人每天都在不知不觉中与 AI 互动。比如谷歌的 AI 图像搜索；智能手机上的 AI 被用于短信的自动填充和响应语音请求；AI 还可以完成即时翻译；我们还依赖 AI 去执行没有计算机的帮助就不可能完成的任务，像为星系和亚原子粒子建模……而这些只是人工智能运用中的冰山一角！

尽管科学家努力让 AI 模仿人类学习和解决问题的方式，但它们与人类仍旧相去甚远。科幻小说经常把 AI 描绘成神通广大并能进行有意义对话的形象，但从目前而言，这种类型的 AI（称为通用人工智能）仍然可望不可即。

人工神经网络与深度学习

▷▷▷ **深度学习是机器学习的子方向，也是 AI 领域的强大工具。** ◁◁◁

人工神经网络（简称 ANN）的构建大致基于神经元在人脑中传递信息的方式。"深度学习"指神经网络中有许多隐藏层，整个神经网络的层次比较多，或者说比较深。ANN 最初构想于 20 世纪 40 年代，最初并不被人看好。但 21 世纪快速增长的计算能力和大数据使 ANN 飞速发展。

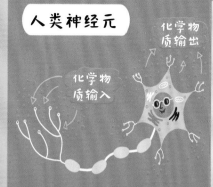

人类神经元

化学物质输出

化学物质输入

神经网络示意图
▷▷▷▷▷ ◁◁◁◁◁

输入数据

不同的层通常通过带有权重的连接互相影响。

神经元

连接被称为边缘。

输出

输出层

隐藏层

时代的影响

智能手机和互联网的普及使全球范围内的即时通信成为可能。身处异地的家人和朋友可以轻松保持联系，人们也可以在旅行或远程工作时保持联系，在线业务已被人们所接受。得益于社交媒体，人们与在线观众分享生活和工作变成他们生活的一部分。现代世界是由人与人之间、人与家居用品之间持续的联系构成的。数字革命方兴未艾，并将继续带来巨大的机遇和挑战。

2021 年，美国西北大学的工程师们制造出第一块能飞的微芯片。

这块芯片只有一粒沙的大小，能够像种子一样随风飘动。

2021 年，联邦快递使用自动货车进行运输。这是快递行业的首次尝试。

这些货车仍旧需要安全驾驶员坐在驾驶室。

重大发明

虚拟助手成为主流——2011 年

1952 年，贝尔实验室创建了首个语音识别系统 Audrey（自动数字识别器），它是个 6 英尺高的机器，可以识别数字 0 到 9 的对应的语音。自此，语音识别技术领域取得了长足的进步。2011 年，苹果在 iPhone 操作系统中加入了首个通过语音激活的虚拟助手 Siri。起初 Siri 只能完成简单的任务，例如发短信、查天气或设置闹钟。但短短几年内，Siri 就升级为能通过搜索网络来回答问题，它的回答结合了用户习惯和"学习"互联网数据。很快，其他科技公司也开始研发虚拟助手：2014 年，亚马逊发布了家庭虚拟助手 Alexa；两年后，Google Home 问世。这些助手依靠智能扬声器中的小话筒，等待人类的语音命令。

第一台商用量子计算机——2019 年

量子计算机是一种全新的计算机。本书先前所有的计算机知识及其使用方法都是基于经典计算，操纵的是由"1"和"0"的晶体管构成的逻辑门。量子计算机改用量子比特（qubit）。一个量子比特可以同时保存一个"1"和一个"0"。量子比特的值由量子力学的三个属性来操纵：叠加、纠缠和干涉。叠加是指保持多个状态的能力——例如，当硬币旋转时，它既不是正面也不是反面。第一次量子计算演示发生在 1998 年，当时只有两个量子比特，一次只能工作几纳秒。2019 年，IBM 发布了第一台商用量子计算机，既可用于科学项目，也可用于实验室之外的商业用途。研究人员认为，量子计算机将有助于解决以前对经典计算机来说过于复杂的问题。目前这些新型超级计算机还很难达到人们预期的能实际应用的水平，学术研究道阻且长。21 世纪 20 年代研发量子计算机的过程与 20 世纪 40 年代研究经典计算机的过程很类似——虽然能看到其巨大的应用价值，但远未充分发挥其潜力。

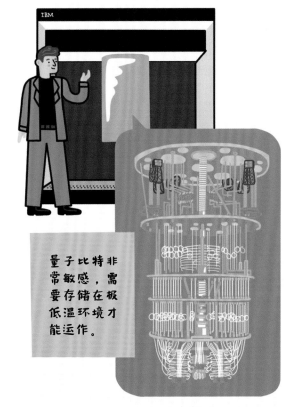

智能烤箱

提醒：买牛奶。

智能恒温器

"智能"设备指的是任何能够接入网络的电器。

智能电视

智能冰箱

"家里没有嗡嗡声！"

智能灯

您正在与其他9人竞赛。

智能扫地机器人

智能自行车

物联网
是指植入到寻常物件中的计算设备，它们能连接到网络并共享数据。

智能家居——2011 年

　　剑桥大学的科学家们想喝咖啡的时候需要走到一间名为"特洛伊屋"的主实验室，但屋子里常常只剩一个空壶，总是扑空让他们厌烦不已！于是他们在咖啡壶对面安放了一个数码相机来远程检查咖啡壶的状态。1993 年，"特洛伊屋咖啡壶"上线，成为世界上第一个网络摄像头。虽然这还不能被称为智能设备，但它向人们展示了远程访问家居用品是多么的便利。

　　Nest 公司的智能恒温器于 2011 年发布，是首批成功的智能家居产品之一。该产品能连接到互联网并通过智能手机远程控制，它还使用人工智能来学习用户的偏好和温度模式。Nest 的商业成功拉开了整个智能家电市场的序幕。

名人堂

"显示器即计算机。"

他是美籍华人，生于台湾，既是商人也是电气工程师。

黄仁勋
1963—

金伯利·布莱恩特 1976—

2013 年，她因技术融合获得白宫荣誉——变革冠军。

"技术领域的工作最催人成长。对计算机科学的需要前所未有之大，重要的是，任何人都应该有机会在这个领域闯出一片天。

她是深耕于生物技术领域的电气工程师，于 2011 年创办 Black Girls CODE（黑人女孩编程）组织来增加黑人女性进入技术领域的机会。

他是 1993 年成立的图形处理器公司英伟达（NVIDIA）的创始人之一。3D 游戏的崛起以及 PC 上的图形显示都离不开英伟达的图形处理器。
NVIDIA 演变为专用于超级计算机和显卡的主要设计师。

杰弗里·辛顿
1947—

他被称为"深度学习 AI 教父"之一。

他供职于谷歌脑研究实验室和加拿大多伦多大学。

他的研究促使深度学习成为主流，也将计算机视觉向前推进。

"我始终坚信，让人工智能行之有效的唯一方法就是使其执行和人脑相似的计算过程……
我们正在取得进步，尽管对于'大脑到底是怎样运作的'这个问题我们仍有待研究。"

1986 年，辛顿与大卫·鲁梅尔哈特和罗纳德·J. 威廉姆斯合著学术论文《误差反向传播带来的学习表象》，这篇论文使得反向传播算法流行起来——这是一种训练神经网络的有效方法。

21 世纪的技术大亨

以下几位是创造并拥有高盈利公司的技术界亿万富翁。他们在技术界、商界，隐私领域、数据收集方面拥有极强的政治影响力以及游说能力。

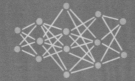

杰夫·贝索斯
亚马逊

马克·扎克伯格
Facebook

埃隆·马斯克
特斯拉

杰克·多尔西
推特

马云
阿里巴巴

> "电子前沿基金会的使命就是让技术去支持全世界所有人的自由、公正和创造力。"

数字权利！

电子前沿基金会
成立于 1990 年

电子前沿基金会（简称 EFF）成立于 20 世纪 90 年代初，旨在游说美国政府保护互联网公民自由。早期的网络存在混乱和巨大的知识鸿沟，美国执法部门常常因为过度狂热地追捕互联网"黑客"，错误地没收无辜用户的计算机和其他设备。EFF 致力于帮助立法者及时了解日新月异的新技术前沿，并将美国宪法保护扩展到数字世界。

EFF 持续致力于保护在线公民的自由和信息自由。EFF 的成员包括计算机科学家、技术专家、律师和其他积极分子，他们共同努力争取互联网用户的数字权利。他们关注的问题包括隐私权、创造和访问技术的能力、大规模监控和计算机安全。

> "我们的使命是对所有知识提供畅通的访问渠道。"

互联网档案馆　成立于 1996 年

几乎所有早期的互联网上的内容都已经消失。就像 20 世纪 20 年代的默片一样，当失去了商业价值，网站就会被毫不犹豫地遗弃。

互联网档案馆的创始人布鲁斯特·卡勒和布鲁斯·吉利亚特从 1996 年开始使用"网络爬虫"程序来保存网站快照，以此作为记录它们的一种方式。互联网档案馆的时光机中保留了 20 世纪 90 年代后期的互联网中所有的杂项和低分辨率的舞蹈动画。这个工具是公开的，允许访问者搜索任何网站的 URL 地址并查看它过去的样子。

网络信息的临时性仍然是一个问题，这就是为什么"时光倒流机"（Wayback Machine）仍然是一个必不可少的工具，尤其是对记者而言。"时光倒流机"也可以回看被故意更改掉的网页的原始信息，这在某些时候很有用。互联网档案馆位于美国旧金山市，是一座不断扩展的、对互联网进行多次备份的数字图书馆。在该档案馆可以在线访问数以百万的书籍、视频、录音和软件。这是世界上最大的计算机软件历史档案馆，保存了本书中描述的许多著名程序！

数字世界 的 挑战

就像蒸汽机在工业革命中的影响一样，新的计算技术已经让我们的工作方式和社会组织方面产生了翻天覆地的变化。

自动化和劳动力

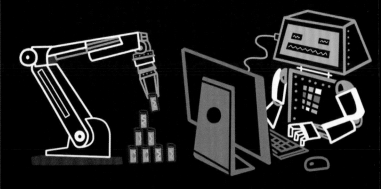

新型人工智能和机器人正在持续研发以减轻烦琐的脑力或体力劳动。就像蒸汽机和流水线在 19 世纪代替的工作一样，持续的自动化改革会重组整个社会的劳动力结构。软件公司（或者叫应用程序公司）已经打破了交通和零售业的传统就业模式，将许多传统职业变成了低薪的零工工作。现在立法者面临的挑战是如何分类这种新型劳动，以及如何确定软件公司应给予员工的福利和工资。

电子垃圾

建造计算机需要许多不可再生资源，例如石油、黄金和稀土元素。许多消费类电子产品被设计成不可维修的，并且每年需要更换新设备。这种浪费行为对生态很不负责任。为了防止不可再生资源被过度浪费，电子产品必须成为未来循环经济的一部分。我们需要对消费者友好的设计，让电子产品能够修复和升级，从而使硬件变得更耐用。

可靠的信息源

在互联网上可以了解到任何事情，这当然是一种很棒的体验！但人们同时也会接收很多错误信息。人们接收的信息会影响他们的世界观——无论是主动寻求还是被动接收。在网上分享信息之前，务必核查信息的来源是否可靠。

个人数据和隐私

科技公司借助智能设备获得的个人数据远超许多用户意识到的或认为合理的数量。世界各地的人们对隐私有许多不同的期望，这些期望都必须被尊重。

数字黑暗时代

　　数字化的数据似乎能一直完整保存，但事实上，由于设备损坏或缺乏物理记录，数据仅在几十年后就可能会丢失。潜在的"数字黑暗时代"意味着未来的考古学家可能无法解密旧的计算机文件。我们无法保证未来的机器能够理解今天创建的数据。如果数字档案遇到某些天灾，例如大规模的太阳耀斑，数据可能会永久损坏，不可恢复。谷歌的数据管理员里克·韦斯特曾说："'未来的某一天'，我们对 21 世纪初的了解可能还不如对 20 世纪初的了解。"

算法和 AI 偏差

　　虽然人工智能是一种减少脑力劳动的强大工具，但其并非完美无瑕。和创造算法的人一样，算法也会存在偏差。当 AI 用于分类工作简历和贷款申请等项目或用于面部识别时，这种偏差可能会产生不良后果。如果 AI 的使用者合乎道德且公正客观，AI 就能不偏不倚发挥正常功能；若被恶意使用，那 AI 就会变成危险的工具。

网络中立性

　　网络中立性是指互联网上的所有网站和服务必须以相同的连接速度到达用户。这意味着不允许 ISP（互联网服务提供商）将某个网站的访问速度或权限置于另一个网站之上。网络中立性对言论自由和企业自由有很大的影响。总体而言，欧洲拥有最强大的网络中立性保护。

数字鸿沟

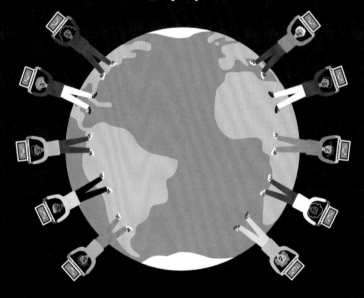

　　计算机和互联网已成为人们的生活必需品，在教育领域尤为重要，但世界各地仍然有许多人负担不起个人计算机的费用。如果没有计算机和对应的学习经验，他们就无法参与需要使用计算机的工作或学习。然而，世界上许多功能正常的计算机正在被送到垃圾填埋场和电子垃圾中心，这些计算机本可以交到需要它们的人手中。此外，快速可靠的互联网访问也让数百万人难以企及，要知道，每个人都有学习技术的需求！

未来展望

着眼于当前的技术和计算机科学研究，我们可以展望未来的发展。以下这些是计算机工程师们正在努力实现的研究。

全自动无人驾驶汽车

如今的无人驾驶汽车仍然需要人工监督。理论上而言，在未来几十年内，无人驾驶汽车将成为一种主流交通工具。它们将需要非常强大的计算机来识别道路上所有潜在的危险——这是连人类都无法做到的！

无处不在的计算机

"物联网"代表了许多计算机科学家所展望的未来——无处不在的计算机！人们预想计算机将被编织到衣服中，嵌入到墙壁里，或在空气和土壤中进行测量。人们期望计算机能以一种几乎无形却又无处不在的方式存在。

AI 奇点

当前的技术距离实现通用人工智能还很遥远，通用人工智能可以做到人脑所能做的一切。而比人类智能更聪明的人工智能被称为"技术奇点"，是一些人工智能研究人员追求的目标。但创造"技术奇点"更像是一个可望不可即的梦想，以至于许多专家将其视为科幻小说。

大数据及免假设科学

科学往往是从我们对日常生活乃至宇宙的发问开始的，但那些我们不知道该如何问或者还没意识到的问题该怎么办？如今，许多科学工作都在收集和分析数据。许多人认为，未来的计算机将使用全球传感器自动收集数据，然后由人工智能分析这些数据并发现新模式。因此，未来的科学家可能不会总是从假设开始，而是会以人工智能的观察为出发点，获得更多信息。

尾　声

计算机是人类有史以来创造的最伟大的工具，这种说法有理有据。从许多方面来说，工具塑造了我们想象力的边界。比如，一个锤子并不只是用来钉钉子的——它能够启发我们想象出不同木板钉合在一起的新形态。同样，计算机是拓展我们脑力的工具，它为人类打开了新的可能，让我们敢想敢做。

在计算机的历史上，新技术大多数时候为少数极有权势的人服务。起初仅有政府和大型公司才能使用计算机和互联网，也只有少数经过特殊培训的专业人员才能操作。最终，这些技术得到"解放"，走向千千万万的普罗大众，计算机的力量交到了人民手中。

从事物发展的角度来看，计算机只为极少数人使用的历史只是漫长历史长河的短暂一瞬。尽管如此，或者可能就是因为如此，如何批判性地使用尖端技术变得尤为重要。在过去，新技术只为少数人所懂，为少数有权人所用，而在未来，将不再是这样。如果我们的工具能够得到开发，合理妥善地为我们所用，许多问题都可以迎刃而解。

因此，我在此发问：你会利用计算机和计算机技术来达到什么目的？你能学到什么？你能创造什么？

"探索之路的第一步和第一次大致猜想都是对人类现有知识做出的最大贡献。"——查尔斯·巴贝奇

"胜利近在咫尺，我们仅差一步之遥，但是这短短的一步需要无数人的付出。"——艾伦·图灵

"不要让畏惧成为拦路之虎，也不要害怕承认'我不知道'或者'我不懂'——大胆提问，从来都没有愚蠢的问题。"——玛格丽特·汉密尔顿

"只要我们能把计算机物尽其用，将不同团体的人凝聚起来，增强人类面对困难问题所需的技能，很多事情就能尽如人意。"——道格拉斯·恩格尔巴特

"未来并非已成定局，我们可以决定未来。我们也许能够在不违反任何已知宇宙法则的情况下，来决定未来的走向。"——艾伦·凯

索引 ☞

致谢

首先，我想感谢我的丈夫托马斯·梅森，他同时也是我的商业伙伴，并对这本书给予了大力帮助。他不仅是我的研究助手，不厌其烦地接受我的咨询，他也是我写作此书的灵感之一。在我们还在约会的时候，家里就堆放着老旧的电器、古董计算机和真空管的计算器，他进行修补之后会重新售卖来赚取大学学费。这堆"破烂"中最完好的东西后来成为我们家里的珍贵宝物，也是我们古董计算机收藏的一部分。这本书的出版多亏了 Ten Speed 出版社的团队。感谢我超棒的编辑凯特琳·凯彻姆。她是本项目的极大捍卫者，她的支持对我来说意味着全部。还有很多幕后人员需要感谢，包括我的文字编辑德洛丽丝·约克、负责事实核查的马克·伯斯坦、负责审校的丽莎·迪多纳托·布鲁索和米凯拉·布查特、资深主编道格·奥根、制作编辑索海拉·法曼、设计师克洛伊·罗林斯，还有丹·迈尔斯和整个 Ten Speed 制作团队。在这里还要感谢营销和宣传团队，他们是温迪·多雷斯泰恩、莫妮卡·斯坦顿和娜塔莉·耶拉。特别感谢我的对外事务代理人莫妮卡·奥多姆，她总是让我梦想成真，能够把我的作品带给大家。

我们参观西雅图活电脑博物馆① 时，托马斯正在与 PDP-8 号计算机下象棋。

---

① 这家博物馆陈列着 20 世纪 60 年代至今，极具代表性的计算机！这些计算机并非放在柜子里进行陈列，而是插上电源可以使用的。

关于作者

瑞秋·伊格诺托夫斯基是《纽约时报》评选的畅销作家和插画师，定居于加利福尼亚州。她成长于新泽西州，卡通片和布丁滋养了她的童年。2011 年，她毕业于泰勒艺术与建筑学院的平面设计专业。她的作品深受历史和科学的启发，她认为插画是一个能让学习变得有趣的有力工具，将艰涩的信息转化为有趣和可懂的语言是她的热忱所在。

"我总是在写在画。"

"我收藏的一部分古董计算机。"

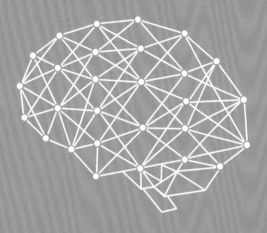

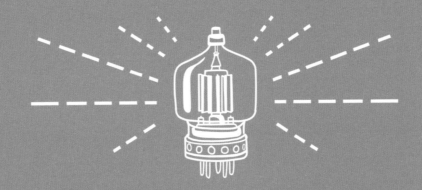